Sales Reloaded

Sales Reloaded

Komplexe Projekte in drei Phasen erfolgreich verkaufen

von

Niklas Tripolt

Mit Gastbeitrag von Michael Vaclav

MANZ

ISBN 978-3-214-09776-9

Telefon: (01) 531 61-0
E-Mail: verlag@manz.at
www.manz.at
Satz: Christian Taufer
Foto: Michael Vaclav © brandREACH
Foto: Niklas Tripolt © GMR Photography & Film e.U.,
Gerald Mayer-Rohrmoser, Kundmanngasse 7/4, 1030 Wien
Druck: FINIDR, s. r. o., Český Těšín

Vorwort

Bereits seit 41 Jahren beschäftige ich mich mit professionellem Verkauf. In der Sportbranche und in der Medizintechnik habe ich eigene Verkaufs- und Managementerfahrungen gesammelt, und seit mittlerweile 25 Jahren bin ich unter anderem im Verkauf im Bereich der Erwachsenenbildung tätig. Als VBC-Mitgründer hat sich mein Blick auf insgesamt 23 Branchen erweitert: von Bau und Baunebengewerbe über Banken und Finanzdienstleister, Versicherungen, Handel, Tourismus, Industrie, Kfz, Lebensmittel, Medien, Medizin und Biotechnologie, Möbel und Einrichtung, Mode, Kosmetik, Uhren und Schmuck bis zu Pharmazie, Telekommunikation, dem öffentlichen Bereich, Universitäten und noch einigen mehr. Das Kerngeschäft von VBC ist, Menschen im Verkauf noch erfolgreicher zu machen.

Vor einigen Jahren hatte ich mir das ambitionierte Ziel gesetzt, sämtliche Bücher über Verkauf, die in einem Jahr im deutschsprachigen Raum erscheinen, auch zu lesen. Ich gestehe, ich habe mein Vorhaben nicht durchgehalten. Was ich dadurch aber sicherlich sagen kann, ist, dass es zwar Tausende Bücher über das Verkaufen gibt, aber kaum brauchbare Literatur über den Verkaufsprozess von Verkäuferinnen, die komplexe Produkte oder Dienstleistungen über mehrere Termine hinweg und oft auch mit vielen involvierten Personen (vor allem auf der Kundinnenseite) erfolgreich abschließen sollen.

Jetzt gibt es dieses Buch, diesen Ratgeber, und ich gratuliere Ihnen zu der Entscheidung, sich dieses Buch besorgt zu haben – und es nun offenbar auch zu lesen.

Was ist mein Motiv für dieses Buch?

Auch VBC bietet mit seinen TriStream® Lernprogrammen für Verkäuferinnen und Verkaufsmanagerinnen komplexe Dienstleistungen an. Diese Programme gehen oft über mehrere Jahre und unsere Kundinnen investieren dafür schnell einmal ein paar Hunderttausend Euro. Gleichzeitig habe ich in den letzten 25 Jahren erlebt, dass zahlreiche unserer Kundinnen, aus den unterschiedlichsten Branchen und Industrien ganz ähnliche Verkaufs-Anforderungen haben. Der Inhalt dieses Buches leitet sich aus Erfahrungen ab, die wir selbst intern bei der

Ausbildung von VBC-Partnerinnen gemacht haben. Über viele Jahre hinweg haben wir diese Prozesse in den **verschiedenen Branchen unserer Kundinnen in der Praxis erprobt, kontinuierlich verfeinert und optimiert**.

Nun können Sie dieses Konzept auch für sich und Ihr Unternehmen nutzen. Sie werden in der Folge bei Ihren Verkaufsprojekten viel Vorbereitungszeit einsparen, da Sie klare Strukturen erhalten. Die beiliegenden Präsentationsvorlagen können Sie eins zu eins für Ihr eigenes Geschäft übernehmen. Und wenn Sie die einzelnen Phasen immer wieder praktizieren und damit perfektionieren, wird Ihre Conversion Rate (also das Verhältnis zwischen Angebot und Aufträgen) in lichte Höhen steigen – und genau das wünsche ich Ihnen von ganzem Herzen. Sie werden diese Struktur richtiggehend lieben lernen!

Sämtliche Tipps, Anleitungen und Vorlagen, die Sie in diesem Buch erhalten, funktionieren nicht nur in Rahmen eines Präsenztermins, also live bei und mit Ihren Kundinnen, sondern auch im digitalen Setting, sprich in Videokonferenzformaten wie Zoom oder MS Teams.

Als besonderen Bonus konnte ich Michael Vaclav – er ist Geschäftsführer der brandReach KG und ausgewiesener Inbound-Marketing-Spezialist – gewinnen, der als Gastautor das spannende Kapitel 7 verfasst hat, in dem es um das essenzielle Thema „Wie kommen wir eigentlich zu Leads?“ geht. Michael Vaclav erklärt darin auch, welche Rolle das Generieren digitaler B2B-Leads im Verkauf zukünftig spielen wird.

Beipackzettel

Bitte vor Anwendung des Buches lesen

Verwendung weiblicher Form und Anrede

Liebe Leserin, lieber Leser,

um den Lesefluss nicht zu beeinträchtigen, werde ich in diesem Buch auf die geschlechtsspezifische Schreibweise verzichten. Sämtliche Anreden und Formulierungen sind in weiblicher Form geschrieben und gelten selbstverständlich in aller Wertschätzung für Männer gleichermaßen.

Hinweis nur für Frauen: Frauen sagt man ja manchmal mit einem Augenzwinkern so etwas wie einen sechsten Sinn nach, und da ist meiner Meinung nach auch etwas dran. Viele Frauen sind sensibler, können manchmal besser zuhören und sich in ihre Gesprächspartnerinnen gut hineinfühlen. Wird diese Fähigkeit mit exzellentem Fach- und Verkaufs-Know-how und vor allem Selbstbewusstsein gepaart, dann sind sie aus meiner langjährigen Erfahrung uns Männern im Verkauf überlegen. Nutzen Sie diesen Umstand für Ihre Karriere!

Für optionale Leserinnen, denen eine Struktur und 1, 2, 3 … auf die Nerven geht

Sie werden bemerken, dass mein Zugang sehr prozessorientiert ist, wobei ich mir durchaus des Umstands bewusst bin, dass dieser nicht jedermanns und jederfrau Sache ist. Aus diesem Grund ist das Inhaltsverzeichnis detailliert ausgeführt und Sie können dort schnell erfassen, worum es in den einzelnen Kapiteln geht, bzw. ob etwas für Sie von ganz besonderem Interesse ist. Sie können völlig flexibel in beliebiger Reihenfolge einzelne Kapitel oder Unterkapitel konsumieren. **Die einzige AUSNAHME davon bildet das Kapitel 4 „Drei Phasen bis zum erfolgreichen Projektabschluss“, für das diese Freiheit nicht gilt.** Um Ihnen eine Leselogik zu garantieren, ist in diesem Kapitel die richtige Syntax von Phase 1 bis Phase 3 notwendig. Sie werden sehen, dass es sich für Sie lohnen wird!

Präsent oder virtuell, analog oder digital verkaufen

Alle in diesem Buch vorgestellten Tipps und Methoden funktionieren wie schon erwähnt sowohl im persönlichen Gespräch und in der persönlichen Verkaufspräsentation als auch im Videokonferenz-Setting. Das werde ich allerdings zwecks besserer Lesbarkeit nicht in sämtlichen Fällen extra erwähnen.

Gilt das wirklich für alle Methoden?

Nein, nicht ganz …

Tipps für Kaffeetratsch, für ein gemeinsames Frühstück oder Mittagessen mit Kundinnen funktionieren natürlich nur „in echt". Und solche Treffen sind auch durchaus sinnvoll, sofern es sich mit den Compliance-Vorschriften vereinbaren lässt.

Das ist die einzige Ausnahme. Alle anderen Tipps und Methoden funktionieren auch digital im Videokonferenzformat. Freuen Sie sich diesbezüglich auf Kapitel 6 „Wie ein kleiner Virus einen ganzen Berufsstand verändert".

Wirksam und nachhaltig lernen

Dieses Buch kann Sie – sofern die Inhalte Sie ansprechen und diese für Sie Sinn ergeben – zu noch mehr Verkaufserfolg führen. Deshalb finden Sie bei vielen Kapiteln gut strukturierte Checklisten für Ihren verkäuferischen Alltag. Außerdem gibt es für Sie eigens markierte Tipps, von denen wir von VBC aus der Praxis wissen, dass sie besonders gut wirken.

Wir – also mein Team und ich – haben uns zudem die Mühe gemacht, einige wesentliche Passagen dieses Buches mit einem QR-Code zu versehen. Auf diese Weise können Sie mit Ihrem Smartphone die Inhalte zusätzlich zum geschriebenen Text auch als Video erleben. Sie gelangen über diese QR-Links auf Impulsvorträge oder Webinar-Ausschnitte zu dem jeweiligen Thema. Lernen kann also beliebig über Ihre bevorzugten Lernkanäle erfolgen: haptisch über das Buch und/oder visuell sowie auditiv über die Videos. Lernen mit allen Sinnen hilft dabei, die Inhalte besser zu verankern. Wenn Sie die eine oder andere Anleitung dann noch mitschreiben oder gleich beim Lesen ausführen, ist auch die kinästhetische Seite des Lernens abgedeckt, was Sie die Inhalte noch leichter behalten lässt.

Wer profitiert von diesem Buch am meisten?

Dieses Buch wurde vor allem für diejenigen Menschen geschrieben, die komplexe Dienstleistungen oder Produktlösungen mit einem längeren Verkaufszyklus – also über mehrere Termine hinweg – und an mehrere Gesprächspartnerinnen auf der Kundinnenseite (Buying Center) erfolgreich verkaufen wollen. Dies betrifft vor allem Key-Account-Managerinnen, selbstständige Handelsvertreterinnen sowie Außendienstmitarbeiterinnen. Darüber hinaus kann es auch für viele Selbstständige hilfreich sein, die in ihrem Unternehmen oft die erste – und manchmal auch die beste – Verkäuferin sind. Selbstverständlich ist es gleichfalls für Vertriebsleiterinnen, Vorstände mit Vertriebsverantwortung oder Geschäftsführerinnen geeignet, die sich Anregungen für einen erfolgreichen Verkaufsprozess für ihr Unternehmen holen wollen.

Besonders profitieren werden Wirtschaftsuniversitätsabgängerinnen, die oftmals nach ihrem Studium – quasi als Quereinsteigerinnen – im Vertriebsmanagement landen. In diesem Buch erfahren Sie alles, was Verkaufspraktikerinnen erfolgreicher macht und Ihnen daher einen Vorsprung gegenüber Kolleginnen mit ähnlicher Voraussetzung bringt und Ihnen den Einstieg in die Praxis vereinfacht.

Inhaltsverzeichnis

Kapitel 1
Unser Mindset

1.1 Das Leben ist gerade richtig „gaga“

Tausende Tote, noch mehr Erkrankte, Lockdown-Phasen, Maskenpflicht, Reiseverbote, Kundinnen im Homeoffice oft nicht erreichbar … Das Leben ist gerade richtig gaga.

Wie Sie merken, habe ich das Buch im Frühling 2021 während der vierten Lockdown-Phase in Ostösterreich geschrieben. Ich hoffe jedoch sehr, dass, wann immer Sie diese Zeilen lesen, dies alles bereits der Vergangenheit angehört.

1.2 Selbstbestimmt statt fremdgesteuert

Alle diese furchtbaren Dinge, die wir als Folge der weltweiten Coronapandemie erlebt haben, sind fremdbestimmt. Niemand von uns trägt Schuld daran oder kann – global betrachtet – etwas dagegen unternehmen. Wollen wir allerdings im professionellen Verkauf erfolgreich sein, dann gilt es, Selbstbestimmung in unser Mindset und in weiterer Folge auch in unser Handeln zu bringen. Es ist schwer genug, aber durchaus möglich, Wächterin über unsere eigenen Gedanken zu werden.

Was kann das für uns im Verkauf heißen? Ganz pragmatisch betrachtet Folgendes: Messen Sie nicht Ihren Umsatz oder Ihren Ertrag, sondern vor allem diejenigen Tätigkeiten, die genau dazu führen. Es ist sinnlos, in Krisenzeiten Umsatzbudgets von großen Kundinnen nachzulaufen, die vielleicht gerade der Pandemie wegen ihr weltweites Einkaufsbudget gestutzt haben. Viel klüger und langfristig erfolgreicher ist es, sich jetzt auf jene Dinge zu fokussieren, die sich in unserem eigenen Einflussbereich befinden. Dazu gleich zwei wirkungsvolle Ideen:

1.2.1 Dialogfrequenz deutlich steigern

Überlegen Sie einmal kurz: Wie viele Flugmeilen, Auto- oder Bahnkilometer haben Sie im Jahr 2019 zusammengebracht? Und wie viele Stunden Wartezeiten auf Flughafen-Gates, in Verkehrsstaus oder auf Bahnhöfen? 2020 haben Sie sich diesbezüglich sicherlich etliches davon erspart. Unser langjähriger VBC-Partner *Siegfried Landskrone* in Kirchheimbolanden in der Nähe von Mainz zum Beispiel verbrachte bis 2019 Jahr für Jahr über 80.000 km für seine Kundinnen auf deutschen Bundesstraßen und Autobahnen. Von März bis Dezember 2020 hingegen saß er, wie er berichtete, betrieblich gerade einmal für 48 km im Auto. Er hat jeden Kundinnenkontakt digital abgewickelt und dabei immerhin einen für unsere Branche durchaus beachtlichen Umsatz von über 500.000 Euro erzielt.

Das bedeutet, es wird nie wieder einen besseren Zeitpunkt geben, zu dem wir die Dialogfrequenz oder – wie mein lieber Freund Prof. Dr. *Karl Pinczolits* es nennt – die *Schlagzahl* bei unseren Kundinnen dermaßen erhöhen können als jetzt. Nutzen wir also diese Chance!

1.2.2 Erhöhung der Dialogqualität

Was neben einer hohen Kundinnenfrequenz ebenfalls zählt, ist eine ausgezeichnete Dialogqualität. Verkäuferinnen müssen begeistern können, sie müssen Bilder, Träume, Möglichkeiten und Chancen in die Köpfe ihrer Kundinnen malen. Und darum soll es im vorliegenden Buch gehen: Ums Malen, gepaart mit einer Struktur und einem klaren Plan. Es geht hier nicht um den klassischen Verkauf oder um Verkäuferinnen.

Es geht hier darum, wie Sie komplexe Dienstleistungen oder Produktlösungen zu einem positiven Abschluss bringen.

Tipp:

Nicht Ergebnisse, sondern Tätigkeiten messen!

1.3 Corinna, Corinna

Corinna, Corinna, sag, wo bleibst so lang? Corinna, Corinna, sag, wo bleibst so lang? I moch ma solche Sorgen, bitte kumm boid ham …

„Altösterreicherinnen" und Fans von *Wolfgang Ambros* oder *Georg Danzer* werden sich an dieses Lied, das übrigens von *Bob Dylan* geschrieben wurde, noch gut erinnern können. Ich hörte mitten in der Pandemie von einem großartigen Unternehmer (*Christoph Bründl,*

Eigentümer und Geschäftsführer von Bründl Sports) und lieben Kunden, dass er das Unwort „Corona" nicht mehr hören kann und schon gar nicht aussprechen möchte. Also hat er dieses kleine Virus einfach umgetauft – eben in „Corinna". Ich finde das eine Superidee! Corinna zaubert ein Lächeln in unsere Gedanken. Und genau darum geht es!

Tipp:

Wächter über die eigenen Gedanken werden!

1.4 Nutzen Sie Ihre Chancen mit Corinna

In ein paar Jahren werden wir zurückdenken und uns wundern, wie man früher ohne Videokonferenzen überhaupt verkaufen konnte. Wir können uns Tausende Reisekilometer ersparen und einfach virtuell via Videokonferenzplattform verkaufen. Unsere Kundinnen haben durch *Corinna* gelernt, damit umzugehen. Sie auch? Lesen Sie mehr darüber im Kapitel 6 „*Wie ein kleines Virus einen ganzen Berufsstand verändert*".

1.5 Im Verkauf steuern wir unsere Konjunktur selbst

Ist das nicht großartig? Wenn wir die Kontaktfrequenz steigern und die Dialogqualität exzellent entwickeln, machen wir uns von allfälligen „Störgeräuschen" unabhängig. Taub gegenüber Wirtschaftszyklen, taub gegenüber sachlichen Produktnachteilen, taub gegenüber Konkurrentinnen, die billiger sind. Glauben Sie mir:

Dialogfrequenz und Dialogkompetenz sind
Ihre Zutaten für Ihre eigene Konjunkturentwicklung!

1.6 Auf Vorhersehbares und Unvorhersehbares professionell vorbereiten

Ich möchte hier den begnadeten *Markus Hengstschläger* und sein Buch „Die Lösungsbegabung" (2020) zitieren. Der studierte Genetiker führt darin aus, dass man sich im Zuge der COVID-19-Pandemie immer wieder die Frage gestellt hat: „War das nicht vorhersehbar?" Oder: „Konnte man sich darauf nicht besser vorbereiten?“ In diesem Zusammenhang taucht der Begriff „Schwarzer Schwan“ auf, der für ein Ereignis steht, das selten und höchst unwahrscheinlich ist, unerwartet eintritt, enorme Konsequenzen nach sich zieht und im Nachhinein oft einfach zu erklären ist. *Nassim Nicholas Taleb,* auf dessen Werk (Der Schwarze Schwan: Die Macht höchst unwahrscheinlicher Ereignisse (2008)) dieser Begriff zurückgeht, hat allerdings darauf hingewiesen, dass er selbst globale Pandemien als „Weiße Schwäne“ bezeichnet. Ein „Weißer Schwan“ ist ein Ereignis, das mit Gewissheit irgendwann eintritt; dementsprechend ist es auch nicht entschuldbar, nicht darauf vorbereitet zu sein (*Taleb/Spitznagel,* Die Corona-Pandemie ist kein Schwarzer Schwan, 2020).

Sie werden mir jedoch sicherlich zustimmen, wenn ich sage, dass niemand von uns die Zukunft wirklich zu prophezeien vermag. Das Einzige, was wir im Verkauf ganz sicher vorhersagen können, ist, dass wir die Art und Weise, wie und vor allem mit welchen Medien wir in fünf oder in zehn Jahren erfolgreich sein werden, heute noch nicht kennen. Die Conclusio lautet somit, dass es darum geht, flexibel zu sein: Viel „verkäuferisches Halbwissen“ aus unterschiedlichsten Wissensbereichen, gepaart mit Topexpertise bezüglich des eigenen Produktes, sowie Exzellenz im Verkauf sind hierzu die wichtigsten Ingredienzien. Vielleicht gelingt es uns sogar, Lust an dieser Flexibilität oder Lust an der Veränderung zu erlangen. Dr. *Bernd Hufnagl,* ein lieber Freund, ausgezeichneter Sprecher und Neurobiologe, spricht vom sogenannten „Dopaminturbo“, also von diesem wunderbaren Glücksbotenstoff, der nicht nur durch synthetische Drogen – die ich explizit nicht empfehle –, sondern durch eigenes Handeln in Eigenverantwortung selbst produziert werden kann. Wie? Eine elegante und schnelle Möglichkeit besteht darin, „den eigenen Fortschritt sichtbar zu machen“.

1.6.1 Fortschritt sichtbar machen

Es ist in der Tat erstaunlich, dass folgende Berufsgruppen in den letzten Jahren immer die Top-3-Plätze errungen haben, wenn es um die größte Arbeitszufriedenheit ging:

- Friseurinnen
- Gärtnerinnen
- Tischlerinnen

„Fortschritt sichtbar machen“ ist das Schlagwort. Eine Friseurin, die zehn Damen am Tag glücklich macht, weil diese mit sichtbar neuem Haarschnitt frisch geföhnt den Laden verlassen. Oder die Gärtnerin, die in wenigen Stunden aus einer Unkrautwiese nach Verlegung des Rollrasens eine Optik schafft, die an den Muirfield Golf Course, den schönsten Golfplatz der Welt im schottischen Gullane, erinnert. Oder die Tischlerin, die nach den Wünschen ihrer Kundin den individuellen Wohnzimmerverbau herstellt und montiert.

Wenn Erfolgserlebnisse zu Dopaminausschüttung im Körper und damit zu Arbeitszufriedenheit führen, dann können wir diese doch auch wunderbar im Verkauf einsetzen, oder?

Gleich ein sofort umsetzbarer Tipp:

Legen Sie sich ein „Erfolgstagebuch“ zu und halten Sie Ihre (Verkaufs-)Erfolge fest.

Was Sie dabei auf jeden Fall beachten sollten:

- Schreiben Sie täglich in dieses Buch.
- Notieren Sie Datum, Kundin, Produkt und was Sie persönlich gut gemacht haben.
- Halten Sie in Ihrem Buch täglich mindestens zwei bis drei Erfolge – besser fünf – fest, und das über einen Zeitraum von **mindestens 20 Arbeitstagen**.
- Beginnen Sie gleich heute!

Psychologinnen beschreiben, dass sich Handlungen, die drei Wochen hindurch regelmäßig gesetzt werden, automatisieren. Automatisieren Sie also Ihre Erfolge!

Sie werden sehen, spätestens in der vierten Woche wachen Sie in der Früh mit positiven Gedanken im Kopf auf, die Sie dann wiederum am Abend in Ihr Erfolgstagebuch eintragen können. Und siehe da – die sich selbst erfüllende Prophezeiung funktioniert, und jetzt erfreuen Sie sich an Ihren Erfolgen.

Tipp:

Fortschritt sichtbar machen, Erfolgstagebuch führen, Erfolge programmieren.

Kapitel 2
Happy Failing: Sechs Gründe für Misserfolg

Wieso verlieren manche Verkäuferinnen komplexe Verkaufsprojekte häufig und wieso gewinnen andere dafür oft?

Mit dieser Frage haben wir bei VBC uns lange Jahre beschäftigt. Wir haben mittlerweile aus unserer empirischen Beobachtung folgende sechs Gründe für Misserfolg herausgefiltert, die in diesem Buch vollständig aufgelöst werden. Das heißt, Sie erhalten in Kapitel 4 „Drei Phasen bis zum erfolgreichen Projektabschluss" wirkungsvolle Anleitungen, wie Sie in diese sechs Fallen gar nicht erst hineintappen.

2.1 Falsche Gesprächspartnerin

Wie oft erzählen uns Key-Account-Managerinnen oder Verkäuferinnen, dass sie einen wichtigen Auftrag nicht an Land gezogen haben, weil sie mit der „falschen" Person im Unternehmen gesprochen haben. Es scheint in einem solchen Fall einfach nicht gelungen zu sein, bis zur echten Entscheiderin vorzudringen. Manchmal scheitert das Projekt schon daran, dass manche Kolleginnen im Verkauf gar nicht erst anstreben, mit den Entscheiderinnen persönlich zu sprechen. Aus Komfortgründen und/oder aufgrund guter Beziehungen zu Mitarbeiterinnen im jeweiligen Unternehmen, die jedoch keine Entscheidungsgewalt haben, fordern viele den gemeinsamen Dialog mit den wahren Entscheiderinnen gar nicht erst ein. Das ist sehr schade!

2.2 Verkäuferinnen präsentieren „Ihre" Idee

Ein gewisses Maß an Sendungsbewusstsein liegt ja förmlich in den Genen von Spitzenverkäuferinnen. Ich habe daher vollstes Verständnis dafür, dass so etwas passieren kann. Sie werden jedoch in diesem Buch in Kapitel 4 noch lernen, wie Sie die Idee/Lösung gemeinsam mit Ihrer Kundin entwickeln können. Ich nenne diese Herangehensweise auch „Verkaufen 4.0".

Dass Kundinnen Ideen und Lösungen, bei denen sie selbst mitgestalten konnten, lieber kaufen als Ideen/Lösungen von Fremden, versteht sich wohl von selbst.

2.3 Menschen und Abteilungen in Organisationen sind oft nicht abgestimmt

Sie haben eine Projektbesprechung oder Präsentation mit einer Influencerin (Entscheidungsbeeinflusserin) und begeistern kraft Ihrer Kompetenz und Ausstrahlung. Es geht vielleicht um eine knifflige Web-Lösung, um eine herausragende Maschine für Kabel- und Drahtproduzentinnen oder um ein Solarkraftwerk in Südafrika. In allen diesen Fällen wird auf der Gegenüberseite niemals nur eine einzige Person die Entscheidung treffen – vor allem nicht Ihre Influencerin! Es werden daher in jedem Fall mehrere Akteurinnen in den Entscheidungsprozess involviert sein (Buying Center). Neben Ihrer Influencerin, die das Projekt vielleicht aufbereitet, wird es aufseiten Ihrer Kundin Produktexpertinnen, Technikerinnen, eine Einkäuferin und möglicherweise auch Mitglieder aus der Geschäftsführung geben. Wie Sie alle diese Entscheiderinnen an den runden Tisch oder in den Videokonferenztermin bekommen und diese Gruppe virtuos orchestrieren, werden wir uns in Kapitel 4 in der Phase 2 des mehrstufigen Verkaufsprozesses ansehen.

2.4 Verkäuferinnen haben oft keinen (Projekt-)Plan

Wie oft erzählen uns Verkäuferinnen, dass sie im Rahmen der Kontaktvorbereitung bei mehrstufigen Verkaufsprozessen oftmals Stunden damit verbringen, sich zu überlegen, wie sie den nächsten Termin anlegen werden. Einmal gestalten sie ihn so, das andere Mal wieder so. Immer und immer wieder ein neues Kunstwerk. Kreativ ist das sicher – schlau ist es allerdings nicht. Das wäre genauso, als würden Schauspielerinnen dieselbe Rolle, die sie mehrmals in der Woche im selben Stück spielen, jeden Abend neu interpretieren und von Neuem erfinden. Die Regisseurin hätte ihre liebe Freude! In diesem Fall brauchen gerade kreative Menschen einen Plan. Wer einen Plan hat, fühlt sich sicher und kann gegebenenfalls auch davon abweichen.

Ein kluger Plan macht aber nicht nur deutlich erfolgreicher, sondern er hilft auch dabei, enorm viel Zeit zu sparen. Sie werden im Kapitel 4 „Drei Phasen bis zum erfolgreichen Projektabschluss" einen ganz klaren Plan für jeden Kontaktpunkt bis zum Abschluss erhalten, also eine Struktur für Ihr Erstgespräch, eine Agenda für die zweite Phase sowie ein Erfolgsablaufschema für den Abschlusstermin. Schon jetzt kann ich Ihnen verraten, dass die Ablaufstrukturen (quasi Ihre Präsentationsagenda, Ihre Kapitelfolien) – ganz egal, in welcher Branche Sie tätig sind, und egal, zu welcher Kundin Sie gehen – immer die gleichen sein dürfen. Was für eine immense Zeitersparnis! Allerdings gilt es selbstverständlich den Text unter den einzelnen Kapitelfolien jeweils maßzuschneidern. Dort sind Sie zu 100 % personalisiert unterwegs und passen die diversen Passagen komplett an die Welt Ihrer Kundin an. Wie eine gute Schauspielerin werden Sie von Termin zu Termin, von Wiederholung zu Wiederholung besser und immer besser. Ihr Erfolgsmuster wird zur Routine, Ihre Dialogkompetenz wird zu Ihrer guten Gewohnheit.

Tipp:

Gute Gewohnheiten strengen weniger an!

Für all jene unter Ihnen, die Kinder haben – aber natürlich auch für diejenigen, die keine haben (Sie kennen ganz bestimmt irgendwelche Kinder) – hier ein plakatives Beispiel: Wenn unsere Jüngsten ihre ersten Zähne bekommen, gilt es diese regelmäßig zu putzen, und zwar mindestens zwei Mal am Tag. Kinder im Alter von ein oder zwei Jahren können das noch nicht, daher übernehmen das die Eltern. Ein paar Jahre später ist die Motorik so ausentwickelt, dass Kinder ihre Zähne selbst putzen können. Das Problem: Sie tun es nicht, ohne dazu aufgefordert worden zu sein! Jeden Tag – wirklich jeden einzelnen Tag! – erinnern Sie also Ihre Kinder zumindest zwei Mal daran. Einmal in der Früh und einmal am Abend. Wochenlang. Monatelang. Manche unter Ihnen vielleicht sogar jahrelang. Bis es irgendwann einmal für die Sprösslinge zur Gewohnheit wird. Meistens in der Mitte der Volks- bzw. Grundschule beginnen die Kinder schließlich, sowohl in der Früh als auch am Abend, ja sogar, wenn es einmal später wird und sie schon völlig übermüdet sind, sich selbst die Zähne zu putzen. Vorher gehen sie nicht ins Bett. Jetzt strengt das Zähneputzen plötzlich gar nicht mehr an.

Machen Sie sich genau dieses Phänomen zunutze:
Machen Sie Ihre Erfolgsstruktur im mehrstufigen Verkaufsprozess zu einer guten Gewohnheit!

2.5 Kein klares Kontaktziel

Auch hier treten ähnliche Muster wie bei Misserfolgsfaktor 4 auf. Wer keinen konkreten Plan hat, hat häufig auch kein klares Ziel. Aber ab jetzt haben Sie beides. Kein geplanter Gesprächskontakt mehr ohne Gesprächsziel! Ihr Ziel gibt Ihnen Fokus. Es dürfen allerdings keine langen und/oder komplizierten Gedankengänge oder Gedankenblasen sein, Sie müssen Ihre Ziele konkretisieren. Wie Sie das machen können, besprechen wir ausführlich im Rahmen der Kontaktvorbereitung in den einzelnen Phasen im Kapitel 4.

2.6 Der liebe Preis

Zahlreiche Kundinnen finden komplexe Produkte und komplexe Dienstleistungen generell teuer, manche sogar zu teuer. Und etliche Kundinnen sagen das auch. Das wirklich Gemeine daran ist: Viele Verkäuferinnen glauben ihren Kundinnen das. Die folgende Äußerung ist wohl die sozialkompatibelste Absage, die man einer Verkäuferin geben kann: „Sie haben mich ja wirklich top beraten, und auch die Lösung hat uns gut gefallen … aber es war uns einfach zu teuer. Ich habe das Budget nicht bekommen." Oder: „Unsere Mittel lassen diese hohe Investition heuer einfach nicht zu."

Gehen Sie bitte einmal in sich und überlegen Sie, wie häufig und zu welchen Anlässen Sie, als Sie – wie wir alle im Leben ja immer wieder – selbst in der Rolle der Kundin waren und einer Verkäuferin oder einer Anbieterin gesagt haben, dieses Produkt oder jene Dienstleistung, diese Reise oder jenes Hotel, diese Uhr oder jenes Fahrrad, diese Sitzgarnitur oder jene Küchenausstattung wäre teuer oder Ihnen zu teuer.

Seien Sie ehrlich: Wie oft haben Sie sich dann trotzdem dafür entschieden? Manchmal haben Sie aufgrund Ihrer Einwände wahrscheinlich Rabatt bekommen, aus der Sicht der Verkäuferin ziemlich sicher unnötig und eine reine Geldverbrennerei. Sie hätten ja höchstwahrscheinlich auch ganz ohne Rabatt gekauft, richtig? Ihre Kundinnen tun das Gleiche. Wir werden uns im Kapitel 5 „Der liebe Preis“ dazu noch ausführlich unterhalten. Ich werde Ihnen zeigen, wie vernichtend sich jeder Prozentpunkt an Rabatt auf Ihr Unternehmensergebnis auswirkt und wie sehr es darauf ankommt, dass Sie Ihre kalkulierten Preise durchsetzen (und zwar ganz ohne Rabattgewährung). Und wie Sie den Auftrag trotzdem bekommen.

Kapitel 3
Dranbleiben bis zur Entscheidung

3.1 Die meisten Produkte lassen sich nicht beim Erstkontakt verkaufen

Wenn Ihr Produkt bereits im Erstkontakt zu verkaufen ist und Sie das üblicherweise auch so handhaben können – wie zum Beispiel beim Door-to-door-Vertrieb mit Telekommunikationsprodukten oder beim Direktvertrieb von Werkzeugen oder Reinigungsmaterialien für Handwerkerinnen –, dann überspringen Sie dieses Kapitel gerne.

Wenn Sie das nicht betrifft und Sie zu den Hunderttausenden Key-Account-Managerinnen, Außendienstmitarbeiterinnen oder Ein-Personen-Unternehmerinnen (EPU) zählen, die komplexe Produkte oder Dienstleistungen mit hohen Investitionssummen verkaufen, dann bleiben Sie bitte dran – es lohnt sich für Sie!

Doch auch, wenn Sie normalerweise mehrere Kontakte brauchen, um Ihr Produkt an die Frau zu bringen, bleiben Sie in jedem Fall stets abschlussbereit. Sagt Ihre Kundin vielleicht bereits beim Erstkontakt: „Ja, das passt, das will ich so“, dann entgegnen Sie bitte nicht: „Warten Sie bitte. Es folgt jetzt noch die zweite oder dritte Phase. Der *Tripolt* hat gesagt, dass …“ – Nein, schließen Sie ab! Auch, wenn vielleicht nicht alles im Detail geklärt ist, können Sie das in den meisten Fällen noch elegant im Anschluss an die Beauftragung besprechen und klären.

3.2 Wir brauchen also einen Plan

Der Plan. Das wird das zentrale Thema in Kapitel 4 „Drei Phasen bis zum erfolgreichen Projektabschluss“ – und zwar für jede einzelne Kontaktphase. Sie erinnern sich: Misserfolgsfaktor Nr. 4 lautete: „Verkäuferinnen haben oft keinen (Projekt-)Plan“, und Misserfolgsfaktor Nr. 5 war „Kein klares Kontaktziel“!

Starten wir mit Letzterem. Es wäre für die eigene Psychohygiene und fürs Ego ziemlich ungeschickt, als Ziel für den Erstkontakt einen Abschluss festzulegen. Glauben Sie mir: Wenn Sie als Verkäuferin mehrfach keinen Abschluss erzielen können (und somit Ihr Kontaktziel nicht erreichen), merkt sich das Ihre Psyche und die nächsten Kundinnen spüren das! Sie fühlen sich unter Zugzwang, und die Kundin spürt Ihren Druck. Kein angenehmes Erlebnis für beide Seiten. Sie machen sich also damit Ihr Leben unnötig schwer.

Tipp:

Kundinnen kaufen bei Winner-Typen und Winner-Unternehmen!

Wir werden uns darüber im Kapitel 4 noch genauer unterhalten, aber was wir gleich fixieren können, ist Folgendes:

3.2.1 Beziehung

Diese ist das A und O für Ihren Erfolg. Passt die Beziehung nicht, dann kommen Sie mit dem besten Produkt oder der geilsten Dienstleistung nicht ans Ziel. Als Profi wissen Sie natürlich, wie Sie eine gute Beziehung aufbauen. Für diejenigen, die nochmals nachschärfen möchten, habe ich im Buch „8 Stufen zum Verkaufserfolg" im Kapitel 3.4 „Aufwärmen wie ein Sportler" alles Wichtige zusammengefasst (siehe Literaturverzeichnis).

3.2.2 Hauptziel

Was werde ich heute im besten Fall erreichen?

Meist wird es darum gehen:

- Sie lernen die Organisation Ihrer potenziellen Kundin besser kennen,
- ebenso Ihr Gegenüber und
- erhalten Einblick in die Entscheidungsstrukturen des betreffenden Unternehmens.

Denn nur dann wissen Sie, mit wem Sie den nächsten Termin vereinbaren sollten. Das Hauptziel in unserem Praxisfall kann also sein, **einen Folgetermin mit der Entscheiderin zu fixieren**.

3.2.3 Subziel

Wie Sie bereits wissen, geht es um die Psychohygiene. Darum, auch ohne Abschluss mit einem guten Gefühl von der Kundin wegzugehen. Haben Sie daher stets auch ein Subziel parat, falls Sie Ihr Hauptziel – aus welchem Grund auch immer – nicht erreichen können. Mit dem Subziel einen Erfolg einzufahren ist zwar nicht ganz so perfekt, wie dies mit dem Hauptziel zu schaffen. Auf der anderen Seite ist es aber zumindest besser, als überhaupt nichts erreicht zu haben.

Ein Subziel im vorliegenden Praxisfall könnte sein:

Sie haben die Entscheidungsstrukturen zwar herausgefunden, Ihre Gesprächspartnerin kann allerdings die verantwortliche Entscheiderin gerade nicht erreichen und hat auch keinen Einblick in deren Kalender. Lassen Sie diese Situation nicht offen!

Bieten Sie Ihrer Gesprächspartnerin für einen nächsten Termin mit ihr und der Entscheiderin zwei bis drei Wahltermine an (diese können zwischen Ihnen und Ihrer Gesprächspartnerin/Influencerin ja schon vorvereinbart sein), die sich in Ihrer Zeitplanung gut unterbringen lassen. Legen Sie weiters einen fixen Termin fest, bis wann sich Ihre Gesprächspartnerin bei Ihnen melden soll, um den endgültigen Termin mit der Entscheiderin zu bestätigen. So bleiben Sie selbst in der aktiven Position und müssen nicht warten, bis sich – bzw. ob sich – aufseiten der Kundin jemand bei Ihnen meldet!

Tipp:

Legen Sie Ihr Besuchsziel (Haupt- und Subziel) schriftlich fest.

Die Erfahrung zeigt, dass Verkäuferinnen mit schriftlich festgelegtem Haupt- und Subziel in 25 Prozent der Fälle öfter an ihr Ziel kommen als Verkäuferinnen, die ihre Ziele nicht zuvor verschriftlicht haben!

Noch etwas: Schreiben Sie Ihre komplette Gesprächsvorbereitung mit der Hand. Wir wissen aus Untersuchungen, dass (digital) handgeschriebene Notizen sich fester in Ihr Gehirn einbrennen als andere Varianten. Das funktioniert ähnlich wie der Schummelzettel in der Schule, den wir dann – weil wir uns die mathematische Formel ohnehin bereits durch das vorherige Niederschreiben gemerkt haben – gar nicht mehr benötigt haben. Nehmen Sie Ihre (hand-)schriftliche Besuchsvorbereitung mit, wenn Sie Ihre Kundin persönlich besuchen. Im Rahmen einer Videokonferenz liegen Ihre Notizen ohnehin vor Ihnen auf dem Tisch. Selbst, wenn Ihre Kundin Ihre Vorbereitung sieht, löst das üblicherweise nur positive Gedanken im Kopf der Kundin aus, wie zum Beispiel: „Die hat sich auf das Gespräch mit mir vorbereitet!" Und ist es nicht genau das, was Sie Ihrer Kundin signalisieren wollen?

3.3 Seien Sie niemals Bittstellerin

Langjährige Verkäuferinnen oder Selbstständige haben das alles schon erlebt: „*Wenn's laft, laft's, und wenn's net laft, laft's net.*" (Ausspruch der Ex-Skirennläuferin *Petra Kronberger,* nachdem sie 1989/90 bis 1991/92 drei Mal hintereinander den Gesamtweltcup der Alpinen Damen gewonnen hatte.) Wenn Ihre Auftragsbücher voll sind, dann trudelt die nächste Anfrage oder der nächste Auftrag mit ziemlicher Sicherheit bald herein.

Dieses Phänomen gilt allerdings leider auch umgekehrt. Wenn wir als Verkäuferinnen ständig Absagen erhalten, ist es leicht möglich, dass wir in eine Misserfolgsphase hineinrutschten. Wie sehr wir uns auch bemühen – wir erhalten eine Absage nach der anderen. Irgendwie scheinen die Kundinnen das zu riechen!

Daher gilt, ganz egal, wie Ihre Auftragslage gerade aussieht:

Tipp:

Seien Sie niemals Bittstellerin!

Was aber bedeutet das nun genau für ihre Umsetzung in die Praxis?

- Bleiben Sie stets freundlich und professionell.
- Sagen Sie nicht zu allem Ja …
- … vor allem nicht zu Fragen um einen Rabatt. Sie werden ein Geschäft aufgrund des Preises weder gewinnen noch verlieren! (Mehr dazu erfahren Sie in Kapitel 5 „Der liebe Preis".)
- Terminverfügbarkeit: Sie können nicht immer – und vor allem nicht schon morgen. Machen Sie sich rar. Erfolgreiche Verkäuferinnen (Unternehmen) haben einen dicht gedrängten Terminkalender.

- Haben Sie Ecken und Kanten – vor allem wenn es darum geht, was Sie machen können und wollen. Und vor allem auch dann, wenn es sich um etwas handelt, das Sie *nicht* machen wollen. Etablieren Sie Ihre Positionierung. Dies schaffen Sie am besten dadurch, dass Sie Nein sagen. Übrigens machen Sie sich allein durch ein Nein zu Unerwünschtem schon rar und wirken aus der Sicht der Kundin attraktiv und spannend.

Tipp:

Verhalten Sie sich niemals hochnäsig oder abgehoben!

Auf der anderen Seite sollten sie Ihre Kundinnen aber immer auf Augenhöhe behandeln. Niemals von oben herab. Das wirkt unsympathisch. Vergessen wir nicht: Menschen kaufen von Menschen! Daher: Verlieren Sie als Verkäuferin nie die Bodenhaftung. Bleiben Sie erdig, das schafft Vertrauen.

3.4 Bleiben Sie dran, bis es „raschelt“

Keine Bittstellerin zu sein bedeutet nicht, an den Projekten nicht dranzubleiben. Das wäre unprofessionell. Tun Sie alles, damit Sie Sog erzeugen, um sich für Ihre Kundinnen spannend und interessant zu machen – bauen Sie aber andererseits auch keinerlei Druck auf. Und ziehen Sie diesen Modus operandi bitte vom Ersttermin bis zur Kaufentscheidung durch!

3.4.1 Ersttermin

Verbleiben Sie niemals dabei, dass Ihre Kundin sagt: „Vielen Dank, ich melde mich bei Ihnen.“ Damit sind Sie ab diesem Zeitpunkt in der passiven Rolle, und wenn Ihre Kundin sich nicht von allein bei Ihnen meldet, laufen Sie ihr hinterher. Vereinbaren Sie daher am Ende Ihres Gesprächs im Rahmen des Ersttermins auf jeden Fall gleich einen Folgetermin.

Versenden Sie ab heute niemals wieder ein Angebot, um danach Däumchen drehend darauf zu warten, dass sich Ihre Kundin bei Ihnen meldet. Auch das wöchentliche Nachtelefonieren stärkt weder Ihr Selbstbewusstsein noch Ihre Positionierung bei der Kundin. Wie wir mit Angeboten ganz generell umgehen, werden wir noch ausführlich in Kapitel 4 „Drei Phasen bis zum erfolgreichen Projektabschluss" besprechen, eines jedoch schon vorweg: Zu dem Zeitpunkt, da Sie mit Ihrer Kundin klären, was Sie zur Angebotserstellung benötigen, vereinbaren Sie unmittelbar einen Termin zur Angebotsdurchbesprechung. Dafür haben Sie gute Argumente: Da es sich ja um ein komplexes Produkt bzw. um eine komplexe Dienstleistung handelt, helfen Sie Ihrer Kundin damit, Zeit zu sparen, um sie mit verbaler Unterstützung auf die für sie wichtigsten Punkte im Angebot aufmerksam zu machen, ohne dass sie möglicherweise lange das Kleingedruckte lesen muss. Vereinbaren Sie also einen Termin, um das Angebot durchzusprechen, und verpacken Sie dieses Unterstützungsangebot als Geschenk an die Kundin.

Vorteile:

- Sie sind in der aktiven Rolle.
- Sie bekommen sofort eine Reaktion Ihrer Kundin mit (Gestik, Mimik, verbale Aussagen).
- Sie können Ihrer Kundin „Händchen halten", sie also Schritt für Schritt durchs Angebot führen und Unklarheiten sofort aus der Welt schaffen.
- Wenn es um eine höhere Investitionssumme geht, vielleicht sogar das Erste-Hilfe-Set bereithalten. ;-)
- Sie können den Termin zur Angebotsdurchbesprechung gleich als Abschlusstermin nutzen, wenn Sie es geschickt anlegen.
- Falls das nicht möglich ist, legen Sie mit Ihrer Kundin einen neuen Termin für den finalen Abschluss fest – und verknüpfen diesen eventuell sogar mit der Angebotsgültigkeitsdauer.

3.5 Verkaufszyklen beachten

Haben Sie ein Auge auf Ihre Verkaufszyklen, also den Zeitraum vom Erstkontakt bis zum Abschluss. Diese sind natürlich von Branche zu Branche unterschiedlich. In der Regel relativ schnell geht es in jenen Branchen, die sogenannte „Must-have-Produkte" vertreiben, also um Produkte, die Kundinnen auf jeden Fall benötigen, um ihr Geschäft abzuwickeln, wie zum Beispiel:

- Computerhardware, Notebooks & Co.
- Kraftfahrzeuge für Außendienstmitarbeiter
- Smartphones etc.

Hierbei handelt es sich allerdings meist um keine komplexen Produkte oder Dienstleistungen, und diese Produkte erfordern auch keinen komplexen Verkaufsprozess. Nebenbei gesagt, die Deckungsbeiträge sind bei diesen Produkten meist sehr überschaubar.

Produkte, in denen es längere Verkaufszyklen gibt, sind beispielsweise IT-CRM-Lösungen. Hier kann es vom Erstkontakt bis zum Abschluss schon mal vier Monate bis zwei Jahre dauern. Große Bauprojekte benötigen ein bis zehn Jahre, komplexe Industrieanlagen ein bis drei Jahre. Entscheidungen für professionelle Verkaufsausbildungen dauern meist vier bis sechs Monate.

Haben Sie Geduld!

Der Verkauf von komplexen Produkten und Dienstleistungen ist also niemals ein Sprint, sondern immer ein Marathon!

Tipp:

Machen Sie sich fit dafür und halten Sie sich fit!

Kapitel 4
Drei Phasen bis zum erfolgreichen Projektabschluss

Nun sind wir beim Herzstück dieses Buches angelangt. Im folgenden Kapitel erhalten Sie einen klaren Plan, wie Sie Schritt für Schritt, Kontakt für Kontakt Ihren Kundinnen zur richtigen Verkaufsentscheidung verhelfen.

Schauen wir uns dazu folgende Abbildung an:

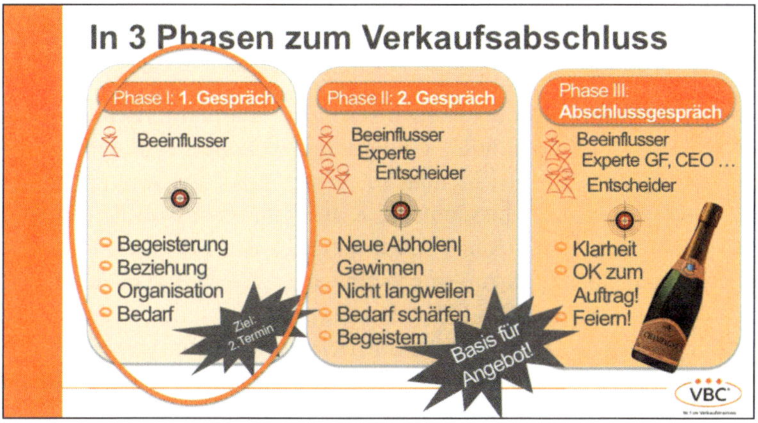

Mit diesem Plan können Sie den im Kapitel 2 beschriebenen Misserfolgsfaktor „Verkäuferinnen haben oft keinen (Projekt-)Plan“ abhaken.

4.1 Phase 1 – Das Erstgespräch

Wir gehen in unserem Praxisfall, den wir im Folgenden besprechen, davon aus, dass Sie einen Ersttermin bei einer Influencerin Ihrer potenziellen Kundin bekommen haben. Dies kann durch Kaltakquise, also klassische Telefonarbeit, durch eine Empfehlung oder selbstverständlich auch durch eine Anfrage über Ihre Website (Incoming-Anfrage) entstanden sein.

Dieses Szenario entspricht aus unseren empirischen Erfahrungen im Wesentlichen der Praxisrealität. Selten werden Sie im Erstgespräch bei einer Ihnen (noch) nicht bekannten Kundin die Vorstandsvorsitzende am Tisch sitzen haben.

Incoming-Anfragen sind natürlich besonders charmant. Nicht *Sie* wollen etwas von Ihrer Kundin, sondern *Ihre Kundin* möchte etwas von Ihnen. In den USA spricht man in diesem Fall auch von „Inbound-Marketing". Die Abschlussquote, also die Conversion von der Anfrage zum Abschluss, ist in solchen Fällen natürlich deutlich besser, als wenn Ihr Kontakt über Kaltakquise entstanden ist. Weil das ein dermaßen spannendes Thema ist und in vielen Branchen zukünftig die für beide Seiten (Anbieterin und Kundin) mit vielen Frusterlebnissen verbundene telefonische Kaltakquise obsolet machen wird, werden wir dieser Art der Lead-Generierung das Kapitel 7 mit dem Titel „Wie kommen wir eigentlich zu Leads?" widmen.

In meinem Buch „8 Stufen zum Verkaufserfolg" habe ich die einzelnen Phasen eines Erstgesprächs detailliert beschrieben. Die wichtigsten Elemente daraus schauen wir uns in der Folge genauer an.

4.1.1 Ihr Gesprächseinstieg

(Dauer 23:45 min)

Bevor es losgeht, ehe Sie also die Büro- oder Geschäftsflächen Ihrer Kundin betreten, diese Sie sogar in Ihrem eigenen Büro besucht oder Sie auf Ihren Videokonferenzknopf „Einlassen" drücken, achten Sie auf Ihr persönliches Wohlbefinden. Wie geht es Ihnen gerade? Sind Sie mental im grünen Bereich? Unsere US-amerikanischen Kolleginnen sagen dazu auch: „*To be in a good state.*" Bringen Sie sich also in einen „guten Zustand". Schlechte Laune, weil Sie gerade ein unangenehmes Gespräch mit Ihrem Partner oder Ihrer Partnerin hatten oder Ihre Chefin mit wenig sozialer Kompetenz Kritik an Ihnen geübt hat, ist in einem solchen Augenblick keine gute Voraussetzung. Sie haben hier eine Eigenverantwortung, sind für sich selbst zuständig. Je besser Sie für sich sorgen, umso besser kommen sie beim Gegenüber an. Daher: Lernen Sie sich selbst kennen, probieren Sie aus, was bei Ihnen am besten wirkt. Es gibt unterschiedlichste Methoden – das kann beispielsweise eine kurze Affirmation sein, ein formelhafter Vorsatz wie: „Ich freue mich, dass ich hier bin, und ich freue mich, dass Sie hier sind. Ich bin mir meiner Sache sicher." Oder der geniale Trick meiner leider viel zu früh verstorbenen Kollegin *Vera F. Birkenbihl,* die uns gelehrt hat, dass unser Gefühlszustand, wenn wir 60 Sekunden lang lachen – und zwar so, dass wir beide Mundwinkel nach oben ziehen und das wirklich eine volle Minute lang durchhalten –, um 30 % besser ist als vorher. Es gibt noch unzählige andere Möglichkeiten, in einen „*good state*" zu kommen – suchen Sie das, was für Sie funktioniert, egal, wie es auf andere wirken mag.

Und dann gehen Sie es an.

Im Vorfeld haben Sie natürlich Ihre Hausaufgaben gemacht und sich auf den bevorstehenden Kontakt bestmöglich vorbereitet. Im Präsenzkontakt ist Ihr Verkaufskoffer mit allen wichtigen Unterlagen gefüllt und die richtige Präsentation auf Ihrem Notebook geladen. Im Web-Liveformat haben Sie sämtliche Dateien, die Sie für den Termin nicht benötigen, geschlossen und nur diejenigen Dokumente auf Ihrer Taskleiste, die Sie gegebenenfalls im Zuge des Gesprächs brauchen werden. Dieses „Saubermachen" im eigenen Notebook gilt selbstverständlich auch für Ihren Besprechungsraum, wenn Ihre Kundin Sie besucht. Räumen Sie alles weg, was die Aufmerksamkeit Ihrer Kundin stören oder ablenken könnte. Lüften Sie, wenn möglich! Schaffen Sie eine angenehme, ruhige und professionelle Atmosphäre.

Und auch, wenn Sie persönlich bei Ihrer Kundin eintreffen und ein paar Minuten vor dem Termin im Meetingraum sein können, bringen Sie dort alles in Ordnung. Blättern Sie die möglicherweise bereits vollgeschriebenen Blätter am Flipchart im Meetingraum um, bis Sie zum ersten leeren weißen Blatt kommen. Räumen Sie den Besprechungstisch ab, sollten dort noch Unterlagen von einem vorher stattgefundenen Meeting liegen. Bringen Sie sich auch in diesem Punkt in die Poleposition. In der Formel 1 gewinnen in mehr als 50 % der Fälle jene das Rennen, die die Poleposition aus dem Training besetzen – tun Sie das auch!

4.1.1.1 Small Talk

Der Effekt eines sympathischen Gesprächseinstieges durch professionellen Small Talk wird landläufig weit unterschätzt, vor allem von technisch versierten Verkäuferinnen oder Verkaufstechnikerinnen oder auch von Menschen mit einem großen Zahlen-Daten-Fakten-Verständnis. Gerade letztere tun sich üblicherweise mit Soft Skills – und dazu zählt Small Talk –besonders schwer. Aber wir Menschen sind nun einmal keine Computer, sondern soziale Wesen, und wir wollen uns erst einmal auf unser Gegenüber einstellen. Wir wollen herausfinden: „Was ist das für ein Mensch? Was hat er/sie mit mir vor?"

Doch Achtung: Small Talk sollte nicht abgedroschen oder aufgesetzt wirken, und es darf ruhig ein bisschen persönlich sein. Gespräche etwa über das Wetter sind nicht besonders attraktiv – es sei denn, es besteht ein besonderer geschäftsbedingter Bezug dazu (beispielsweise Tourismus oder Landwirtschaft). Am besten reden Sie über Interessen der Kundin, die Sie entdeckt haben, weil diese im Büro sichtbar sind, wie z. B. eine Golftasche neben dem Schreibtisch, Bilder von Kindern oder die Flagge/das Logo eines Fußballclubs.

Übrigens: Themen, die sowohl Ihre Kundin als auch Sie selbst interessieren, ergeben den besten „Klebstoff" und sind quasi ein Beziehungsturbo.

Profikommunikatorinnen wissen natürlich, dass auch im Small Talk das Fragen professioneller ist als das Sagen. Hier ein Beispiel: Eine klassische Verkäuferin schwärmt vom Fußballverein, dessen Clubwimpel an der Wand der Kundin hängt – nur um dann peinlich berührt feststellen zu müssen, dass die Kundin überhaupt nicht fußballinteressiert ist und der Wimpel noch von ihrer Vorgängerin im Büro stammt. Der Profi geht vorher auf den Wimpel ein und findet durch Fragen heraus, ob Fußball und dieser spezielle Verein tatsächlich für diese Kundin eine Bedeutung haben.

Tipp:

Zunächst eine Frage zu dem Small-Talk-Thema stellen und erst dann darüber reden, wenn das Positivsignal vonseiten der Kundin kommt!

In manchen Fällen wird es Ihnen gelingen, in einen echten Rapport (*französisch* für „in Entsprechung/Beziehung gehen") zu kommen. Und genau deshalb müssen Sie auf Ihr Timing achten. Sorgen Sie dafür, dass diese Small-Talk-Phase mindestens zwei Minuten, jedoch keinesfalls länger als zehn Minuten dauert. Natürlich könnten Sie 45 Minuten über die Hobbys Ihrer Kundin oder über gemeinsame Interessen sprechen – in den meisten Businessfällen wird Ihnen dann allerdings zum Schluss des Gesprächs diese Zeit fehlen. Und wenn Ihnen nach wunderbarer Beziehungsaufbauarbeit die Kundin unverrichteter Dinge ins nächste Meeting entfleucht, weil sie die Zeit übersehen hat, dann haben *Sie* Zeit … sich in den Allerwertesten zu beißen.

4.1.1.2 Vom Small Talk zum Business Talk

Also ist es wichtig, beizeiten vom Small Talk zu dem Thema überzuleiten, das uns wirklich am Herzen liegt: Unser Produkt oder unsere Dienstleistung. Um das geschmeidig einzuleiten, gibt es den sogenannten „Brückensatz". Oft fällt im Small Talk ein Stichwort, mit dem Sie eine gute Brücke zum Business Talk schlagen können. Diese Stichworte hören Sie mit etwas Übung immer besser heraus und können auch nach einiger Zeit Ihre Kreativität immer mehr spielen lassen. Sollte jedoch kein Stichwort kommen – auch nicht mit noch so viel Fantasie –, so können Sie zum Beispiel einen Blick auf Ihre Uhr werfen und die Kundin charmant fragen, wie lange sie denn Zeit hat. Das funktioniert selbst dann, wenn der Zeitrahmen schon bei der telefonischen Terminvereinbarung festgelegt wurde. Abhängig von der Antwort können Sie dann geschickt überleiten, beispielsweise mit dem

Brückensatz: „Damit wir die Zeit optimal nutzen, habe ich einige Fragen vorbereitet, damit Sie sich nicht alles anhören müssen, was ich mitgebracht habe. So kann ich mich auf das konzentrieren, was Sie wirklich interessiert." Diese Überleitung können Sie dann mit einer Checking-Frage abschließen. Also die Kundin fragen, ob das für sie so in Ordnung ist. Wenn sie Ja sagt – was meistens der Fall sein wird –, dann sind Sie nun autorisiert, Fragen zu stellen.

4.1.2 Bedarfserhebung

(Dauer 36:57 min)

Ohne Bedarfserhebung ist alles nichts.

Allzu viele Verkäuferinnen starten sogleich mit einer Präsentation. Ich kann das grundsätzlich verstehen – schließlich sind ja viele von uns sendungsbewusste Menschen und gerade deshalb im Verkauf tätig. Oder sie haben wunderschöne Dinge zu zeigen, beispielsweise als Verkäuferin einer Werbeagentur fantastische Onlineseiten, die bereits für Kundinnen erstellt wurden, oder andere Werbekonzepte. Vielleicht haben Sie auch Produkte, die man einfach gerne ansieht oder berührt, wie zum Beispiel wunderbare Stoffe oder Designermode. Gerade Kolleginnen mit einem solchen Sortiment tappen sehr oft in die Präsentationsfalle.

Vorerst geht es darum, den Bedarf Ihrer Kundin zu erheben oder einen solchen zu erwecken. Vielleicht hat sie ja noch gar keine Ahnung, was Sie wirklich alles für sie tun können.

Tipp:

Gehen Sie niemals in eine Präsentation, ohne vorher Ihre Kundin gefragt zu haben, was für sie überhaupt relevant ist!

4.1.2.1 Fragen

Das wichtigste Kommunikationswerkzeug in dieser Phase ist die Kompetenz, gute Fragen zu stellen – und zwar so, dass sich Ihre Kundin wertgeschätzt fühlt: „Endlich jemand, der sich für mich interessiert. Endlich jemand, der genau nachfragt." Vermeiden Sie jedoch unbedingt eine verhörgleiche, stakkatoartige Befragung. Dies zeugt nicht von einem ehrlichen Interesse an Ihrer Kundin, sondern von Unsicherheit oder Unerfahrenheit.

Ich gehe davon aus, dass Sie als Leserin dieses Buches zu den „Hochkarätern" unserer Branche zählen. Wir müssen also die Begriffe der Basisfragearten wie

- geschlossene Fragen,
- offene Fragen,
- Alternativfragen oder
- Rückkoppelungsfragen

nicht mehr im Detail durchbesprechen.

4.1.2.2 Fragesyntax oder die richtige Reihenfolge

Entscheidend ist die richtige Reihenfolge der Fragen. Als Faustregel können Sie sich den Leitsatz „Von groß zu klein" merken: Fragen Sie zu Beginn die großen Bereiche ab und gehen Sie erst in der Folge zu den Details über. Eine ähnliche Struktur können Sie auch auf der Zeitachse einsetzen: Machen Sie zunächst einen Rückblick und gehen Sie damit quasi in die Vergangenheit, danach stellen Sie Fragen, welche die Gegenwart betreffen, und am Ende lenken Sie den Fokus in Richtung Zukunft und Vision.

Das hilft Ihnen als Verkäuferin und auch Ihren Kundinnen dabei, Klarheit zu behalten.

Ihr Fragenkatalog

Wir bei VBC haben in den letzten Jahren über 200 000 Verkäuferinnen kennengelernt, und die Erfolgsmuster der besonders Umsatzkräftigen unter ihnen sind durchaus sehr facettenreich. Eines zieht sich allerdings bei den allerbesten durch: Sie alle verwenden gut vorbereitete, gut überlegte Fragenkataloge.

Die Wichtigkeit der Reihenfolge der Fragen wie auch die Abfolge von Vergangenheits-, Gegenwarts- und Zukunftsperspektive haben wir angesprochen. Es gibt noch eine Möglichkeit, Struktur in Ihren Fragenkatalog hineinzubekommen: Sie clustern die Fragen nach wichtigen Unternehmensbereichen Ihrer Kundin, die für Sie essenziell sind.

Gerne zaubern wir hier einen kleinen „Striptease" aufs Parkett und zeigen Ihnen den Fragenkatalog für Erstgespräche, den wir selbst verwenden:

Fragebogen – 1. Verkaufstermin VBC

1. Einstiegsfragen zum Small Talk
2. Fragen zu Ablauf, Rahmenbedingungen, Raum, Zielen für heute
3. Fragen zur Person
4. Fragen zum Vertrieb (im weitesten Sinne natürlich auch zum Unternehmen) und dazu, wie die Organisation tickt
5. Fragen zu möglichen bisherigen Ausbildungsprojekten
6. Fragen zum Produkt/zur Dienstleistung und ggf. zum USP Ihrer potenziellen Kundin
7. Fragen zum Wettbewerb
8. Fragen zum gemeinsam geplanten Ausbildungsprojekt

Wie können nun solche Fragen im Detail aussehen?

ad 1) Einstiegsfragen zum Small Talk:

- Wie lange sind Sie schon an diesem Standort?
- Wer ist die Architektin (bei auffälligen Bauwerken)?
- Wo wird produziert?
- Fragen zur Region
- Fragen zu Firmen in der Nähe, die VBC-Bezug haben

Tipp:

Wir sind ab der ersten Sekunde auf der Suche nach Gemeinsamkeiten!

ad 2) Fragen zu Ablauf, Rahmenbedingungen, Raum, Zielen für heute:

- Kommt noch jemand dazu?
- Könnten wir einen Platz finden, an dem wir ungestört miteinander kommunizieren können? (Falls der von der Kundin vorgeschlagene Platz nicht entsprechen sollte; das kann beispielsweise in Branchen wie Pharmazie, Krankenhauswesen oder Industrie der Fall sein.)
- Wie viel Zeit haben wir?
- Wann soll die Ausbildung starten? (wenn das Projekt im Vorfeld schon bekannt ist)

ad 3) Fragen zur Person:

- Wie lange sind Sie schon im Haus?
- Was haben Sie vorher gemacht?
- Bei Sympathie und/oder wenn Anknüpfungspunkte vorhanden sind:
  - Wo zu Hause?
  - Private Interessen?
  - Kinder, Familie?
  - Sport?
  - Urlaub?

Tipp:

Diese sehr persönlichen Fragen darf man natürlich auch zwischendurch stellen, wenn es passt, und sie eignen sich häufig ebenso für das Gesprächsende.

- Wie ist die Abteilung organisiert? Wie ist Ihr Team aufgestellt?
- Beschreibung der Funktion unserer Gesprächspartnerin im Unternehmen (nachfragen, denn die Funktion auf der Visitenkarte beschreibt oftmals den Tätigkeitsbereich nicht allzu genau)
- Wohin berichten Sie? (hier erfahren wir möglicherweise schon den Namen der Entscheiderin)

ad 4) Fragen zum Vertrieb und/oder Unternehmen:

- Wie ist Ihr Verkauf aufgestellt?
- Wie viele Außendienstmitarbeiterinnen gibt es?
- Wie viel Umsatz macht eine Außendienstmitarbeiterin im Durchschnitt?
- Wie viel Umsatz erzielt die beste Ihrer Außendienstmitarbeiterinnen und wie viel die Außendienstmitarbeiterin am anderen Ende der Skala?
- Auf welcher Basis werden die Mitarbeiterinnen bezahlt (fix/dynamisch etc.)?
- Welche Ausstattung und Infrastruktur steht den Außendienstmitarbeiterinnen zur Verfügung (Kfz, Notebook, Smartphone … CRM und Co.)?
- Wer berichtet an wen (Hierarchie erfragen)?
- Gibt es einen Innendienst? Wenn ja: Wie ist dieser organisiert?
- Wer ist die Innendienstverantwortliche?
- Gibt es einen Servicedienst? Wenn ja: Wie viele Servicedienstmitarbeiterinnen gibt es?
- Wer ist die Chefin des Servicedienstes?
- Welche konkreten Verkaufs-/Unternehmensziele haben Sie aktuell?

ad 5) Fragen zu möglichen bisherigen Ausbildungsprojekten:

- Haben Sie schon Schulungen im Bereich Kommunikation/Verkauf/Verhaltensausbildungen veranstaltet?
- Was genau (intern oder öffentlich)?
- Mit wem?
- Wann?
- Wie lange haben diese Interventionen gedauert?
- Was war gut?

- Hat Ihnen dabei etwas gefehlt oder hätten Sie sich etwas anderes gewünscht? Wenn ja: Was?
- Wie zufrieden waren Sie mit der späteren Umsetzung der gelernten Erfolgsfaktoren aus dem Training im Praxiseinsatz?

ad 6) Fragen zum Produkt/zur Dienstleistung und ggf. zum USP:

Achtung: Stellen Sie solche Fragen nur dann, wenn darüber Unklarheit besteht. (Bei einem Besuch bei BMW München wäre eine diesbezügliche Frage sicherlich nicht erwünscht. ;-)

- Was sind Ihre Produkte/Dienstleistungen genau? Ich kann mir Ihr Produkt/Ihre Dienstleistung nicht genau vorstellen. Wie funktioniert das?
- Warum kaufen Kundinnen gerade bei Ihnen?

ad 7) Fragen zum Wettbewerb:

- Wer sind die lästigsten Wettbewerberinnen/Mitbewerberinnen? (Das können Sie zur Emotionalisierung gut in Ihrer Präsentationsphase verwenden.)

ad 8) Fragen zum gemeinsam geplanten Ausbildungsprojekt:

- Wann soll es losgehen?
- Wie viele Präsenztrainingstage im Jahr sind möglich?
- Gibt es Erfahrungen mit E-Learning? Wenn ja: Welche?
- Haben alle Verkäuferinnen einen eigenen E-Mail-Account oder haben sie einen Zugriff zu einem PC mit E-Mail-Programm (diese Frage nur im Einzelhandel stellen)?
- Ist für Sie eine Zertifizierung spannend?
- Wo soll die Ausbildung stattfinden?
- Sprechen Sie auch noch mit anderen Anbietern?

Am Ende ganz wichtig – und das gilt für alle Branchen: Stellen Sie Future-Base-Fragen wie zum Beispiel die folgende:

Wenn ich Sie jetzt drei, vier Jahre gedanklich in die Zukunft schicke – woran werden Sie dann erkennen, dass die Ausbildung Ihrer Verkaufsmitarbeiterinnen ein voller Erfolg war?

Welche Kraft diese Frage hat, denke ich, brauchen wir nicht gesondert zu besprechen.

Vielleicht noch zur Ergänzung für Sie: Unsere Erstgespräche finden in der Regel mit Mitarbeiterinnen aus der Personalabteilung statt. Oft sind es Personalentwicklerinnen. Um Aufträge abzuschließen, benötigen wir allerdings in der zweiten Phase Entscheiderinnen aus dem Vertrieb. Höchst selten kommt es vor, dass Personalabteilungen Verkaufsausbildungen bestellen, die nicht im Einklang mit dem Vertrieb passieren.

Weil die richtigen Fragen so wichtig sind, hier gerne noch ein Fragenkatalog-Beispiel der Space Marketing GmbH, eines Schwesternunternehmens von VBC, das sich auf das Generieren von B2B-Leads durch Inbound-Marketing spezialisiert hat:

Fragebogen – 1. Verkaufstermin Space Marketing

1. Fragen zur Person

- Welche Rolle hat der Gesprächspartner? Welche Rolle haben Sie genau?
- Welche Rolle haben Sie im Rahmen eines gemeinsamen Projektes?
- Wie lange schon? Was haben Sie vorher gemacht?
- *Wenn es um Leadgenerierung geht:*
  - Welche Personen im Unternehmen müssen an Board sein?
  - Vor allem wenn es dann darum geht, ein finales OK zu bekommen?

2. Organisation

- *Optional, wenn nicht oben schon beantwortet: Welche Abteilungen sind involviert, wenn es um Leadgenerierung geht (zB Verkauf, Marketing, IT)?*
- Welche Akteure sind für einen potenziellen Leadgenerierungsprozess für uns wichtig?
- Welche Unternehmensziele haben Sie?

3. Vertrieb/Verkauf

- Wie ist Ihr Verkauf aufgestellt? (Regional/Personen; Außendienst/Innendienst; Führungshierarchie. Bitte um genaue Namen, um sie im weiteren Gespräch einbinden zu können.)
- Wie finden Ihre Verkäufer neue Kunden? Wie funktioniert Neukundenakquise in Ihrem Unternehmen?
- Wie funktioniert so ein Neukundenakquisitionsprozess aktuell bei Ihnen?
- Wie geht es den Personen, die diese Listen nachtelefonieren, beim Telefonieren?
- Wie funktioniert Stammkundenakquise in Ihrem Haus („Upselling")?
- Welche Vertriebsziele haben Sie aktuell?

4. Marketing

- Welche Marketingmaßnahmen zielen konkret auf Leadgenerierung ab?
  (Wo müssen wir in die Tiefe gehen? Was müssen wir herausfinden?)
- Wie digital ist Ihr Marketing aufgestellt in Bezug auf: Webseite, Blog, E-Mail-Marketing, Anzahl der Newsletterabonnenten, Social Media, Social Ads, Online Ads, Communitypflege?
- Haben Sie sich schon einmal Gedanken über Ihre Buyer Persona und Buyers Journey gemacht?
- Wie viel Marketingbudget haben Sie pro Jahr?
- Gibt es konkret eine Budgetposition für die Leadgenerierung?

Ad 3. oder 4.

- Wie viele Leads werden schon generiert?
- Was genau ist ein Lead bei Ihnen? / Was bezeichnen Sie als Lead?
- Auf welchen Kanälen?
- Welchen Wert hat ein Lead in Euro?

- Wie viel Euro wäre ein Lead wert?
- Kennen Sie Ihre Conversion-Rate zwischen Lead und Auftrag? Und sind Sie damit zufrieden?

5. Kunden unserer Kunden

- Wer genau sind Ihre Kunden *(bei Big Brands vorher recherchieren)?*
- Wieso kaufen Kunden gerade bei Ihnen?
- Wie digital ticken Ihre Kunden? / Wo sind Ihre Kunden digital anzutreffen?

6. IT

- Haben Sie ein CRM-System? / Wenn ja, welches?
- Wie zufrieden sind Sie damit?

7. Space-Marketing-Leistungen

- Was erwarten Sie sich von uns in der Zusammenarbeit? Worauf legen Sie besonders viel Wert?
- Woran erkennen Sie, dass wir gut gearbeitet haben?
- Welche Informationen benötigen Sie von uns (bis zum 2. Termin)?

8. Futurebase-Fragen

- Woran werden Sie in drei bis vier Jahren bemerken, dass unsere Zusammenarbeit ein Vollerfolg war?

Wie Sie aus dem Misserfolgsfaktor Nr. 1 „Die falsche Gesprächspartnerin" wissen, ist es besonders relevant, die Entscheidungsstrukturen Ihrer zukünftigen Kundin genau herauszufinden. Sie haben anhand der Fragen in den Fragenkatalog-Beispielen, denke ich, genug Ideen bekommen, wie Ihnen das in der Praxis gelingen kann.

Entwickeln und verbessern Sie Ihren Fragenkatalog, wenn Sie mit dieser Art des Verkaufens beginnen. Neue Inputs ergeben sich meist vor allem nach den ersten Terminen – am besten natürlich unmittelbar nach dem Erstgespräch. Zu diesem Zeitpunkt haben Sie alles noch genau im Kopf, v.a. die Antworten Ihrer Kundin auf Ihre Fragen.

Das wird Ihr ultimativer Erfolgsturbo!

Sie werden außerdem bemerken, dass Sie trotz guter Vorbereitung möglicherweise die eine oder andere wesentliche Frage (noch) nicht gestellt haben, weil diese vielleicht keinen Platz in Ihrem Fragenkatalog gefunden hat oder weil Sie einfach darauf vergessen haben. Im ersten Fall ergänzen Sie Ihren Fragenkatalog und nehmen diese Frage (oder auch mehrere) auf. Im zweiten Fall – wenn Sie vergessen haben, eine bereits in Ihrem Fragenkatalog befindliche Frage zu stellen – ist trotzdem nichts vertan. Sie erhalten in der Phase 2 eine Gesprächs-/Präsentationsstruktur, in der sich ausreichend Platz findet, um diese noch nicht gestellten Fragen nachzuholen.

4.1.3 Showtime – überzeugend präsentieren

(Dauer 29:09 min)

Nun geht es darum, Ihren USP (Unique Selling Proposition), also Ihr Alleinstellungsmerkmal, zu vermitteln. Ihre Showtime – begeistern Sie! **Wer selbst nicht brennt, kann andere nicht entzünden!**

Möglicherweise haben Sie ein technisches Produkt, eine Maschine oder etwas anderes Dreidimensionales. Das können Sie nun (falls es aufgrund seiner Größe überhaupt möglich ist) lustvoll präsentieren oder Sie treffen Ihre Kundin bei sich in Ihrem Unternehmen im Schauraum.

Viele unserer Leserinnen werden diese Möglichkeit einer Livepräsentation allerdings nicht haben, und für genau sie stellt sich daher die Frage: Nutzen wir in dieser Phase eine Folienpräsentation (zum Beispiel PowerPoint oder Keynote) oder nutzen wir sie nicht?

4.1.3.1 Vorteile der Folienpräsentation

- **Blickführung:** Der größte Vorteil der Präsentation ist die Blickführung. Das bedeutet, dass Ihre Kundin genau auf den Bereich schauen wird, den Sie ihr auf der Folie Ihres Notebooks zeigen. Sie sind quasi die Steuerfrau!
- **Ablauf:** Gute Präsentationen haben natürlich ebenfalls eine Agenda, und anhand dieser nehmen Sie auch den Ablauf Ihrer Präsentation vorweg. Das gibt Ihnen als Verkäuferin Sicherheit und schafft im Kopf Ihrer Kundinnen Klarheit.

4.1.3.2 Nachteile der Folienpräsentation

In einem Eins-zu-eins-Dialog gelingt es Ihnen, einen wirklich guten Rapport aufzubauen und sehr gut in Kontakt zu kommen. Sie können sich zu 100 Prozent auf Ihre Kundin konzentrieren. Möglicherweise stören Sie jedoch diesen aufgebauten Rapport, wenn Sie jetzt Ihr Notebook hervorholen und mit einer Folienpräsentation beginnen. Im Eins-zu-eins-Dialog schaffen Sie es sehr oft, auch ohne derartige visuelle Hilfsmittel Ihre Kundin von Ihrem Produkt bzw. Ihrer Dienstleistung zu überzeugen. Als Hilfsmittel haben Sie dann vielleicht einen Folder oder einen Katalog oder entsprechende Bilder.

4.1.3.3 Fazit

All over kann man sagen, dass beim Ersttermin in einer Eins-zu-eins-Gesprächssituation beides legitim ist. Eines ist allerdings genauso sicher: Haben Sie (aus welchem Grund auch immer) bereits im Rahmen des Ersttermins eine zweite oder dritte Gesprächspartnerin (was immer mal vorkommen kann), dann ist das Hilfsmittel einer gut gemachten Präsentation absolute Pflicht!

Tipp:

Verwenden Sie bei zwei oder mehr Gesprächspartnerinnen im Ersttermin immer eine gute Verkaufspräsentation!

Möglicherweise stellen Sie sich an dieser Stelle die Frage: „Wie aber sieht denn nun eine gute Verkaufspräsentation aus?" Die Struktur dazu lesen Sie im Absatz 4.1.4 Die „Sell it"-Formel.

Sie halten zwar kein Buch über Präsentationstechniken in der Hand, trotzdem empfehle ich Ihnen, sich damit auseinanderzusetzen. Gutes Verkaufen heißt auch, gut zu präsentieren. Sehr viel wertvollen Input erhalten Sie im Buch meines Kollegen *Martin Dall* „Sicher präsentieren – wirksamer vortragen" (2014). *Martin Dall* übernahm vor einigen Jahren vom Unternehmensgründer Professor Dr. *Emil Hierhold* das hochspezialisierte Präsentationstechnikinstitut HPS. Apropos *Emil Hierhold:* Dieser schrieb vor vielen, vielen Jahren ein geniales Buch zum Thema „Selling to Groups". Wenn Sie Glück haben, bekommen Sie vielleicht noch ein Exemplar, neu oder gebraucht. Ich finde, dieses Buch gehört zur Pflichtlektüre von Projektverkäuferinnen.

Zu einer guten Präsentation ist auch die passende Bühne notwendig. Wie in diesem Buch erwähnt, empfehlen wir Ihnen, sich bei wichtigen

Gesprächen, wie z. B. bei einem Abschlussgespräch vor einem Gremium von Entscheiderinnen, mit einem zeitlichen Vorsprung von ca. 30 Minuten am Ort der Präsentation einzufinden. Lassen Sie sich dann gleich – wenn vorhanden und frei – zum Meetingraum führen, in dem das Gespräch stattfinden wird.

Dort überprüfen Sie Folgendes:

- Welche Medien sind vorhanden? Wo gibt es Anschlüsse? Von wo kommt das Licht?
- Sitzordnung: Lassen Sie, falls möglich, nur jene Anzahl an Sitzplätzen stehen, die Sie auch wirklich benötigen.
- Entfernen Sie ggf. vorhandenen Müll und andere „Aufmerksamkeits-Vampire" im Raum (z. B. vollgeschriebene Flipchart-Blätter).
- Bereiten Sie Ihre Unterlagen vor und legen Sie alle benötigten Materialien vor sich auf den Tisch, damit Sie später nicht mehr in Ihren Pilotenkoffer abtauchen müssen, um die eine oder andere Unterlage herauszusuchen. Teilen Sie die Unterlagen jedoch keinesfalls zu früh aus, denn dann beginnen Ihre Gesprächspartnerinnen zu blättern und sind hochgradig abgelenkt.

4.1.3.4 Foliengestaltung und Animationen

Folien dürfen natürlich schön und grafisch ansprechend gestaltet sein – müssen es aber nicht. In erster Linie sollen sie funktionieren. Und damit sie funktionieren, hier ein paar wesentliche Punkte:

- Verwenden Sie eine ausreichend große Schrift (Fließtext 28 bis 32 Punkt, jedenfalls nicht kleiner als 24 Punkt).
- Formatieren Sie Überschriften größer als 44 Punkt.
- Verwenden Sie auf Ihren Folien nach Möglichkeit „glatte" Schriftarten wie z. B. Arial, Calibri oder Calibri light, aber keine Serifenschriften wie beispielsweise Times New Roman.
- Platzieren Sie auf jeder Folie nicht mehr als 25 Wörter (das ist gar nicht so einfach, wie es sich vielleicht anhört) und denken Sie daran, dass ganze Sätze auf Präsentationsfolien nichts verloren haben.

4.1.3.5 Animationen

- Liefern Sie Ihren Kundinnen niemals den ganzen Text im Voraus. Sie würden sich damit zur „begleitenden Vorleserin“ degradieren. Ihre Kundinnen sind möglicherweise schon zwei oder drei Zeilen weiter, während Sie sie gerade mit Ihren wichtigsten Alleinstellungsmerkmalen zutexten.
- Animieren Sie vorzugsweise Stichwort für Stichwort bzw. Bullet für Bullet.

Wie bereits erwähnt, lesen wir in unserem Sprachraum von links nach rechts. Da dies die gewohnte Leserichtung ist, können Sie auch die Bewegungsabläufe von Animationen in dieser Form einstellen. In der aktuellen PowerPoint-Version heißt diese Funktion „Wischen von links“.

- Übertreiben Sie allerdings nicht mit dem Einsatz von Animationen. In Verkaufspräsentationen sind diese nur zulässig, wenn sie Ihre Botschaften unterstreichen. Wann immer dies nicht der Fall ist, lassen Sie eine Animation lieber weg – sie würde nur ablenken.

Jetzt noch zwei Tipps für Praktikerinnen:

Tipp:

Verwenden Sie Schwarzfolien als Kapiteltrenner.

Erstellen Sie eine Schwarzfolienvorlage und platzieren Sie irgendwo auf der Folie, möglichst für Ihre Kundinnen nicht sichtbar, ein Zeichen, z. B. einen Punkt in Ihrer Firmenfarbe (beispielsweise links unten). Wenn Sie jetzt Ihr Notebookbild via Datenprojektor auf die Wand projizieren, sieht niemand etwas, denn es ist einfach nur schwarz. Mithilfe des Punktes an der Stelle Ihrer Wahl sehen Sie selbst aber, dass Ihr Datenprojektor projektionsbereit ist. Mit dem nächsten Klick gelangen Sie zur darauffolgenden Folie. Solche Schwarzfolien eignen sich auch sehr gut als Trenner zwischen einzelnen Kapiteln.

Tipp:

Setzen Sie nach dem letzten Stichwort oder dem letzten Satz auf Ihrer Folie einen Punkt als Satzzeichen – und zwar nur dort!

Ab sofort wissen Sie, wenn Sie das Pünktchen als Satzzeichen sehen, dass es sich dabei um die letzte Information auf dieser Folie handelt und dass danach nichts mehr kommt. Damit schaffen Sie sich eine feine Orientierungshilfe und wirken professionell.

4.1.4 Die „Sell it"-Formel

Die Grundprinzipien des Verkaufens sind seit über tausend Jahren die gleichen: Man braucht ein Problem, das mit einer Dienstleistung oder mit einem Produkt gelöst werden kann.

Genau so muss Ihre Verkaufspräsentation aufgebaut sein.

Gehen wir nun die einzelnen Schritte durch:

4.1.4.1 S wie „Situation"

Spätestens hier fassen Sie kurz zusammen, was Sie alles im Zuge der Bedarfserhebung erfahren haben, möglichst vollständig, aber ohne große Ausschweifungen. Es geht darum, kleine Okays von Ihrer Kundin einzuholen. Man nennt das auch die „Ja-Straße": Wenn Ihre Kundin im Verlauf des Verkaufsprozesses oftmals nickt oder Ja sagt, wird sie auf die große Frage, ob man das Geschäft miteinander machen möchte, auch eher mit einem Ja als mit einem Nein antworten. Was in diesem Zusammenhang gleichfalls sehr wichtig ist: Sollten Sie etwas aufzählen, das Ihre Kundin so nicht gemeint hat, wird sie entsprechend eingreifen. Auf diese Weise schalten Sie allfällige Missverständnisse aus.

4.1.4.2 E wie „Ergebnis"

„Was passiert, wenn nichts passiert?", könnte hier die Frage lauten, und an dieser Stelle dürfen Sie Ihre Kundin durchaus emotional an ihr „Problem" führen. Seien Sie mutig und wagen Sie es, mit Ihrer Kundin auch allfällige negative Konsequenzen zu besprechen. Nur, wenn Ihre Gesprächspartnerin das Problem vor Augen geführt bekommt, werden Sie mit Ihrer Lösung punkten können.

4.1.4.3 L wie „Liegen Sie richtig?"

Für dieses Kapitel in der „Sell it"-Formel brauchen Sie keine Visualisierung. Hier geht es darum, zu checken, ob Ihre Kundin alles, was Sie gerade besprochen haben (Situation und negatives Ergebnis), auch tatsächlich so sieht.

4.1.4.4 L wie „Lassen Sie mich vorschlagen"

Für diesen Punkt benötigen Sie wiederum eine Visualisierung, bei der Sie Ihrer Kundin – sehr gerne auch in Form von Pencil Selling – klar veranschaulichen, was Ihr Produkt bzw. Ihre Dienstleistung für ihr Unternehmen leisten kann. Mehr über diese Technik finden Sie unter Punkt 4.2.9.

4.1.4.5 I wie „Ihnen bringt das ..."

Hier visualisieren Sie der Kundin den Nutzen und welche Vorteile sie davon haben wird, wenn sie Ihr Produkt bzw. Ihre Dienstleistung in ihrem Unternehmen zur Anwendung bringt. Mathematisch betrachtet, führen Sie die Kundin mit dem zweiten Bereich der „Sell it"-Formel „Ergebnis negativ" ins Minus und hier im fünften Teil wieder ins Positive. Nun sollten allerdings mehrere Pluspunkte die Minuspunkte nicht nur ausgleichen, sondern auch entsprechend übertreffen.

4.1.4.6 T wie „To-dos"

Das sind die guten nächsten Schritte. Auf dieser Folie stellen Sie dar, was in Folge alles zu tun ist. Dort präjudizieren Sie natürlich auch den weiteren Verlauf Ihres mehrstufigen Verkaufsprozesses. Wir erinnern uns an Ihr Kontaktziel: Heute geht es für Sie darum, einen Folgetermin zu bekommen und bei diesem dann möglichst die Entscheiderin (bzw. alle Entscheiderinnen) an den Tisch zu bringen.

Wie so eine fertige „Sell it"-Verkaufspräsentation aussehen kann, zeige ich Ihnen sehr gerne wieder anhand der Erstgesprächspräsentation von VBC:

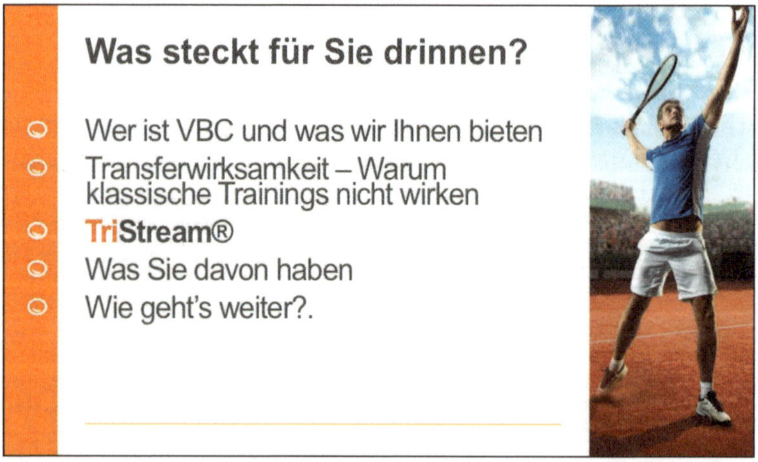

Wer ist VBC?

Milestones

- 1997: Wie alles begann
- 2001: Erstmals klare „Nr. 1 im Verkaufstraining" in Österreich
- 2001: VBC wird Franchisegeber
- 2006: Expansion nach D+CH
- 2009: VBC entwickelt TriStream® (Blended Learning)
- 2022 feiert VBC das 25 Jahre-Jubiläum

200.000 erfolgreiche Teilnehmer
25.000 Trainingstage

115 VBC-Akteure

Partner, Trainer, Tutoren, Produktspezialisten und KoordinatorInnen in D, A, CH

Lernforschung

- Stellhebel Transferwirksamkeit (Teilnehmer, Trainingsdesign, Organisation)
- Kooperation + Lektoren-Tätigkeit an Universitäten/Fachhochschulen.

VBC

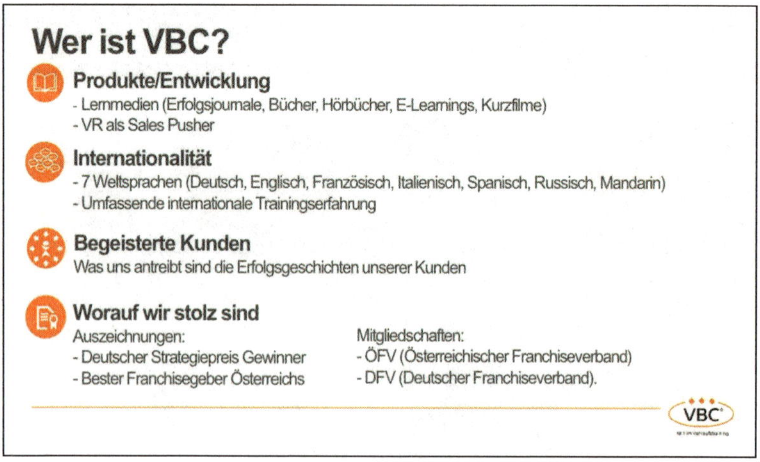
Wer ist VBC?
Produkte/Entwicklung
- Lernmedien (Erfolgsjournale, Bücher, Hörbücher, E-Learnings, Kurzfilme)
- VR als Sales Pusher
Internationalität
- 7 Weltsprachen (Deutsch, Englisch, Französisch, Italienisch, Spanisch, Russisch, Mandarin)
- Umfassende internationale Trainingserfahrung
Begeisterte Kunden
Was uns antreibt sind die Erfolgsgeschichten unserer Kunden
Worauf wir stolz sind
Auszeichnungen:
- Deutscher Strategiepreis Gewinner
- Bester Franchisegeber Österreichs
Mitgliedschaften:
- ÖFV (Österreichischer Franchiseverband)
- DFV (Deutscher Franchiseverband).
VBC

Was wir Ihnen bieten
Für Unternehmen
- TriStream® für Unternehmen
- Manufaktur
- Coaching
P12-Programm für EH, ID, AD, FK
Dauer: 12 Monate
Shop- und Telefoncoaching,
AD- und FK-Coaching
auch tageweise buchbar
Für Einzelpersonen
- TriStream® (für Einzelteilnehmer)
- Webinar-Akademie
- Neueinsteiger-Akademie
- Events
Großveranstaltungen
Project Insight
Business Frühstück
Specials
Impulsvorträge
Diagnoseworkshop
Firmenpakete
Moderation von Verkaufsmeetings
VR als Sales Pusher
VBC

VBC
Warum klassische
Trainings nicht wirken

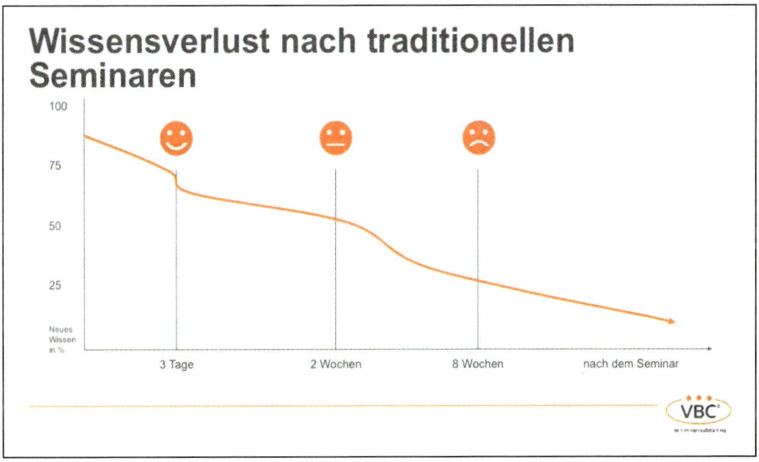
Wissensverlust nach traditionellen
Seminaren
100
75
50
25
Neues
Wissen
in %
3 Tage
2 Wochen
8 Wochen
nach dem Seminar
VBC

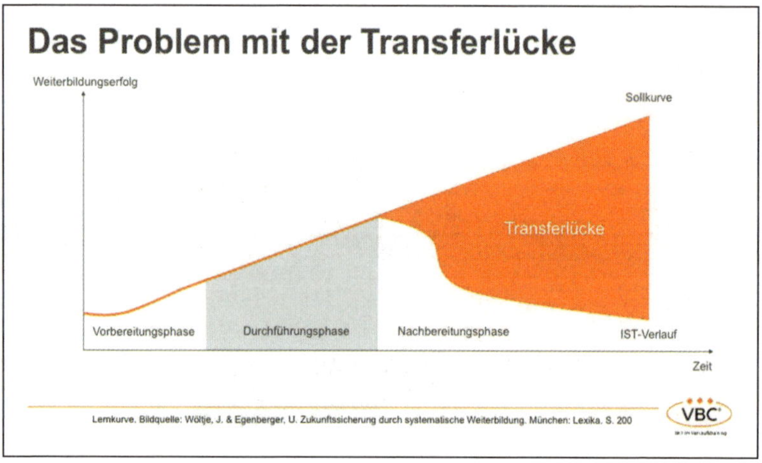
Das Problem mit der Transferlücke
Weiterbildungserfolg
Sollkurve
Transferlücke
Vorbereitungsphase
Durchführungsphase
Nachbereitungsphase
IST-Verlauf
Zeit
Lernkurve. Bildquelle: Wöltje, J. & Egenberger, U. Zukunftssicherung durch systematische Weiterbildung. München: Lexika. S. 200
VBC

VBC
Nr. 1 im Verkaufstraining
TriStream®

TriStream® – dreifache Individualität
Individualisierung
Person
Individualisierung
Zielgruppe
Individualisierung
Firma &
Branche
VBC

VBC
Nr.1 im Verkaufstraining
Was Sie davon haben

Was Sie davon haben
Stellhebel Transferwirksamkeit ✓
100% dreifach individualisiert ✓
Von Praktiker für Praktiker ✓
Sofortige Erfolgserlebnisse ✓
Nachhaltige, positive Verhaltensänderung ✓
Umsatz und Ertrag ✓

VBC
Wie geht's weiter?

Gerne stelle ich Ihnen auch noch ein zweites Beispiel vor, das wiederum von Space Marketing stammt und analog zu der praktischen „Sell it"-Formel aufgebaut ist.

DAS STECKT HEUTE
FÜR SIE DRIN
1. Aktuelle Situation
2. Kundenverhalten
im Wandel
3. Unser Vorschlag
4. Ihre Vorteile
5. Nächste Schritte

1. AKTUELLE SITUATION

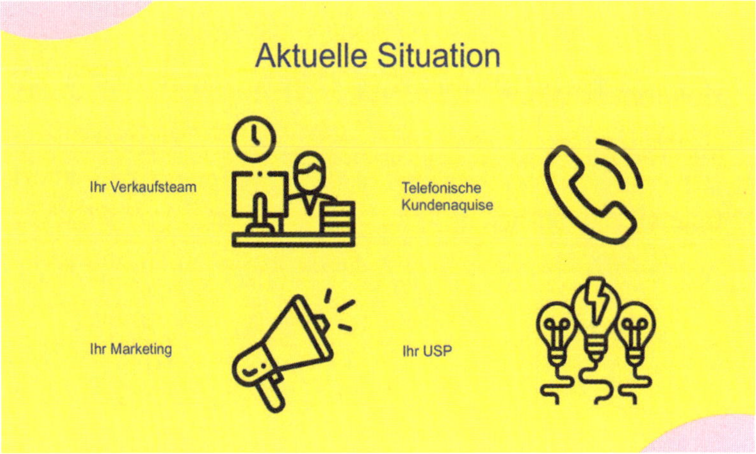
Aktuelle Situation
Ihr Verkaufsteam
Telefonische Kundenaquise
Ihr Marketing
Ihr USP

2. KUNDENVERHALTEN
IM WANDEL

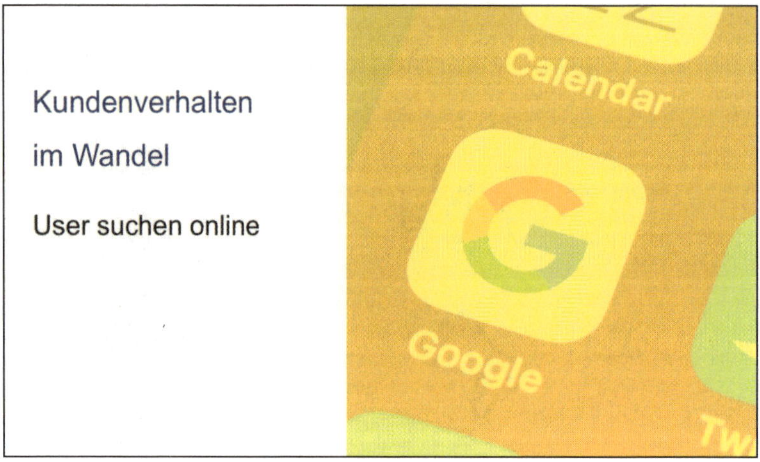
Kundenverhalten
im Wandel
User suchen online
Calendar
Google

Kundenverhalten im Wandel
Klassisches Marketing wirkt
immer weniger

3. UNSER VORSCHLAG

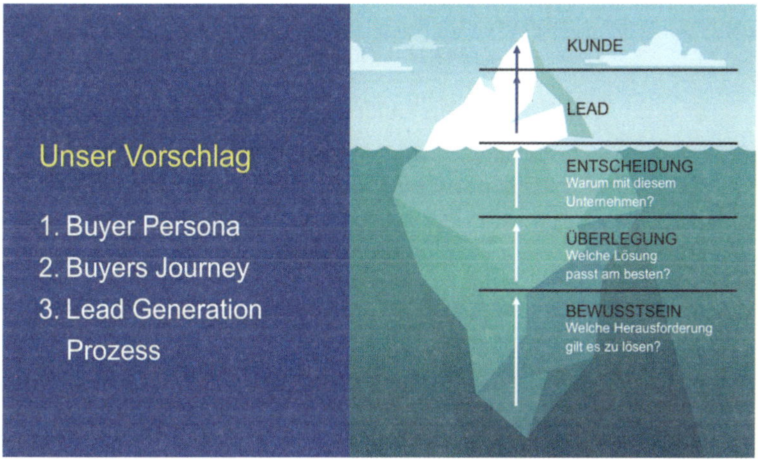
Unser Vorschlag
1. Buyer Persona
2. Buyers Journey
3. Lead Generation Prozess
KUNDE
LEAD
ENTSCHEIDUNG
Warum mit diesem Unternehmen?
ÜBERLEGUNG
Welche Lösung passt am besten?
BEWUSSTSEIN
Welche Herausforderung gilt es zu lösen?

Unser Vorschlag
Buyer Persona
Buyer Persona #1 Geschäftsführer Rainer Entscheider

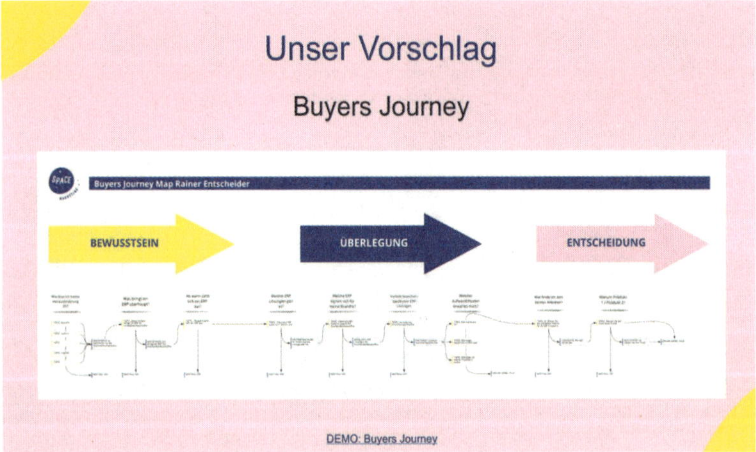
Unser Vorschlag
Buyers Journey
Buyers Journey Map Rainer Entscheider
BEWUSSTSEIN
ÜBERLEGUNG
ENTSCHEIDUNG
DEMO: Buyers Journey

Drei Phasen bis zum erfolgreichen Projektabschluss

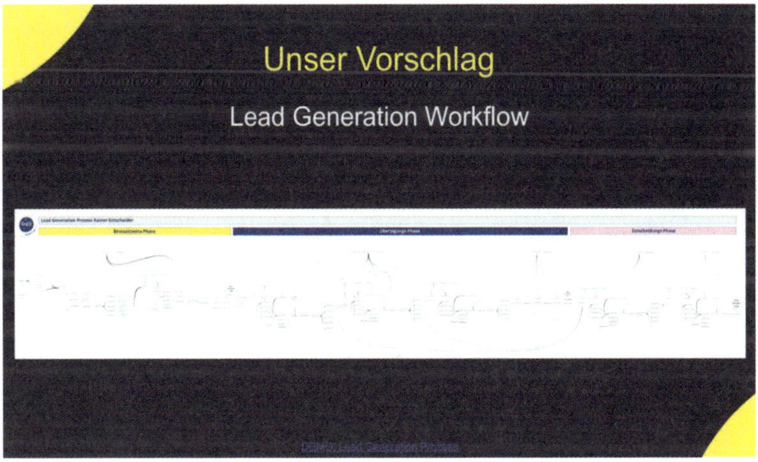

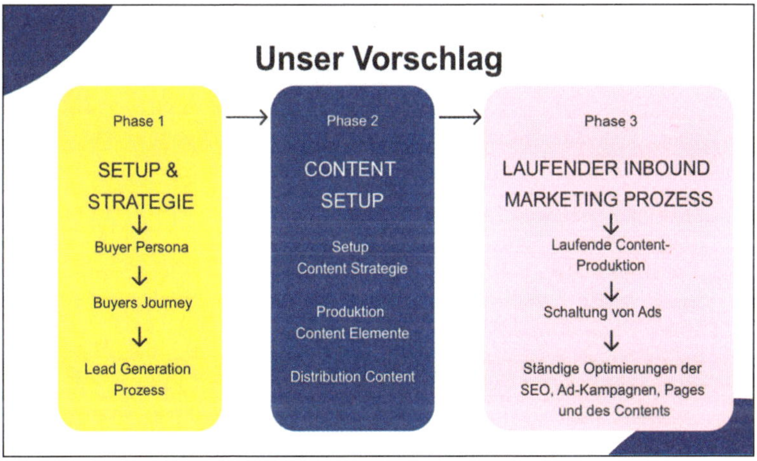

4. IHRE VORTEILE

Ihre Vorteile
• Potentielle Kund:innen haben echtes Interesse
• Leads sind knapp vor der Kaufentscheidung
• Daher hohe Abschlussquote
• Neue Leads ganz regelmäßig
• Planbarkeit beim Sales Forecast

5. NEXT STEPS

Next Steps

1. Termin zur Projektpräsentation
2. Ihr OK
3. Projektstart

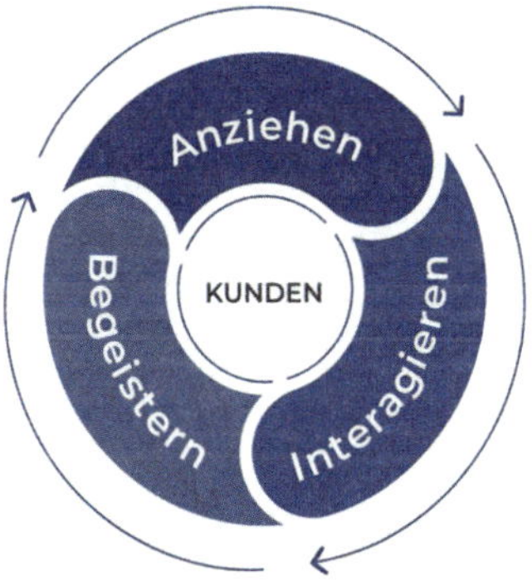

Wie gefällt Ihnen dieses „Sell it"-Präsentationsformat? Wenn Sie sagen: „Ja, das wird meinen Erfolg beim Erstgespräch boosten", dann gehen Sie doch gleich den ersten kleinen Schritt und vereinbaren Sie einen Termin mit dem wichtigsten Menschen in Ihrem Leben: mit Ihnen selbst! Nehmen Sie sich ein paar Stündchen Zeit, in denen Sie sich für Ihr Produkt bzw. Ihre Dienstleistung eine entsprechende „Sell it"-Präsentation überlegen. Und Sie dürfen sich dafür wahrlich Zeit nehmen. Denn wenn diese Präsentation gut gemacht ist, können Sie sie ab nun bei jedem Ihrer Ersttermine zur Anwendung bringen.

Tipp:

Arbeiten Sie nicht mit ganzen Sätzen auf den Folien, sondern nur mit Stichworten und Stichpunkten. Damit gelingt es Ihnen, das, was Sie im Erstgespräch in der Bedarfserhebung erfahren haben, verbal in Ihrer Präsentation der Kundin zurückzuspiegeln. Diese möchte schließlich ja sicher sein, dass Sie sie auch tatsächlich richtig verstanden haben.

4.1.5 Ihr USP

Unique Selling Proposition oder auf Deutsch: **Alleinstellungsmerkmal.**

Fokussieren Sie sich im L „Lassen Sie mich vorschlagen“ und I „Ihnen bringt das“ auf Ihre echten Alleinstellungsmerkmale. Legen Sie jetzt gerne ein kurze Lesepause ein, nehmen ein Blatt Papier zur Hand und notieren Sie alle Punkte, die Sie für Ihr Produkt oder Ihre Dienstleitung als USP erkennen.

Wenn Sie nun diese Liste vor sich liegen haben, nehmen Sie bitte nochmals Ihren Stift zur Hand und streichen Sie alle Punkte, die Ihre Wettbewerberinnen auch behaupten können. Hoffentlich bleibt jetzt noch etwas über!

Wieso das wichtig ist? Wenn Sie Ihre Kundinnen von Ihren echten USPs überzeugen, haben sie nun ihren Wettbewerb abgeschüttelt, denn dieser kann diese Merkmale nicht bieten. Dann wird zum Beispiel der Preis zur Nebensache! Für Sie als Profiverkäuferin gibt es doch wahrlich nichts Schöneres!

4.1.6 Einwand/Vorwand

(Dauer 33:36 min)

Grundsätzlich kann man sagen, dass es wenig bis vielleicht sogar überhaupt keine Einwände geben wird, wenn Ihr Erstgespräch bisher gut gelaufen ist, Sie eine exzellente Beziehung aufgebaut, Ihrer Kundin für sie spannende Fragen gestellt, ihr so Ihr wahres Interesse signalisiert und dann nutzenorientiert sowie lustvoll präsentiert haben. Wunderbar! Sie befinden sich auf dem richtigen Weg.

Falls es sich wider Erwarten anders verhalten sollte, ist dennoch nichts verloren. Im Folgenden lernen Sie eine Strategie kennen, wie Sie mit den kritischsten Aspekten Ihrer Kundin professionell umgehen werden.

Eine Empfehlung vorweg:

Tipp:

Argumentieren Sie niemals gegen Einwände!

Grundsätzlich unterscheiden wir:

- Bedingungen
- Einwände
- Vorwände

4.1.6.1 Bedingungen

Starten wir gleich mit dem ersten Punkt: **Bedingungen** sind Voraussetzungen, die Sie erfüllen müssen, damit eine Kundin den Kauf Ihres Produkts bzw. die Inanspruchnahme Ihrer Dienstleistung überhaupt in Erwägung ziehen will oder kann. Das beinhaltet in der Regel rechtliche und formalrechtliche Gründe. Wenn es sich bei Ihrer Kundin beispielsweise um eine Universitätsklinik handelt, bei welcher der Gesetzgeber die ausschließliche Verwendung von Röntgenapparaten mit einem Prüfzertifikat vorschreibt, dann ist es für Sie wenig sinnvoll, die fantastischen Vorteile Ihres neuen Digitalröntgengerätes zu präsentieren, solange dieses nicht über das erforderliche Prüfzertifikat (= Bedingung) verfügt. In einem solchen Fall nützt Ihnen auch das beste rhetorische Know-how nichts. Wenn also eine solche unverrückbare Bedingung, die Sie nicht erfüllen können, vorliegt, ist es sinnlos, weiter in Richtung Abschluss vorzupreschen. Sollten Sie jedoch Zweifel daran haben, ob es sich bei dieser Bedingung nicht vielleicht doch lediglich um einen Vorwand handelt, bleiben Sie noch etwas am Ball und verwenden Sie die „Einwand-Vorwand-Ausmesstechnik“, die wir Ihnen etwas später in diesem Kapitel unter dem Namen „Auspendeln“ vorstellen.

4.1.6.2 Einwände

Für die Veranschaulichung von **Einwänden** verwenden wir im Training die Metapher eines Stoppschildes aus dem Straßenverkehr. Wir sagen: „Einwände sind wie Stoppschilder, die uns einen wichtigen Hinweis geben – einen Hinweis darauf, dass wir jetzt nicht unreflektiert mit unseren Verkaufsbemühungen weitermachen, sondern einmal kurz stehenbleiben und innehalten sollten." Dabei ist es – bildlich gesprochen – wichtig, nach links und rechts zu schauen und zu überprüfen, was da möglicherweise an Gefahren im Hinblick auf unseren Verkaufsabschluss in Sichtweite ist. Verschiedene Ursachen können seitens der Kundin zu diesem Einwand geführt haben:

- **Noch** hat mich Ihr Produkt/Ihre Dienstleistung nicht überzeugt.
- **Noch** fehlen mir Informationen oder Beweise.
- **Noch** fehlt mir Vertrauen (in die Firma, in die Lösung ...).
- **Noch** ist die Lösung für mich nicht „maßgeschneidert" genug.
- **Noch** fühle ich mich hilflos (bin überfordert, verwirrt).
- **Noch** habe ich keine große Kauflust.
- **Noch** passt mir persönlich etwas nicht.
- **Noch** ist dieses Gespräch zu sehr Monolog. Ich wurde noch gar nicht nach *meiner* Meinung gefragt.

Bei allen diesen möglichen Beweggründen steht am Anfang das Wörtchen „noch". Daraus abgeleitet behaupten wir:

Noch ist nichts verloren!

Die Kundin gibt uns mit diesem Stoppschild lediglich ein wichtiges Signal. Immerhin zeigt sie ja nach wie vor Interesse und ist gedanklich bei der Sache. Würde sie nämlich während des Gesprächs bereits an etwas anderes denken, könnte sie auch keinen Einwand formulieren.

4.1.6.3 Vorwände

Bei **Vorwänden** handelt es sich um vorgeschobene Einwände. In Wirklichkeit steht hinter dieser „Wand" jedoch etwas anderes.

Beispiel:

Eine Einkäuferin sagt, dass sie das nicht allein entscheiden kann, sondern dafür die Zustimmung ihrer Geschäftsführerin benötigt.

So – ist das nun ein Einwand oder ein Vorwand? Die Antwort lautet: Es kann beides sein. Es kann tatsächlich sein, dass die Einkäuferin im Falle von hochpreisigen Anschaffungen vor einer endgültigen Entscheidung mit der Geschäftsführerin sprechen muss. Es kann aber auch sein, dass die Einkäuferin sich mit ihrer bestehenden Lieferfirma noch einmal absprechen will, damit diese eventuell ihr Angebot nachbessert. Manche werden sich jetzt fragen: „Wozu diese lange Erklärung? Was soll's? Der Unterschied ist doch nicht so wichtig."

Wie wichtig es jedoch ist, einen Vorwand von einem echten Einwand zu unterscheiden, erkennen Sie dann, wenn Sie das Gespräch weiterführen. Nehmen wir einmal an, es handelt sich um einen Vorwand, das heißt, die Kundin will nicht wirklich mit der Geschäftsführerin sprechen, sondern mit ihrem Haus- und Hoflieferanten. Sie selbst gehen aber davon aus, dass es sich hierbei um einen Einwand handelt, und werden als gute Verkäuferin z. B. Folgendes tun: Sie versuchen, sich in das Gespräch mit der Geschäftsführerin hineinzureklamieren, etwa mit folgender Begründung: „Sie können mich beim Gespräch mit Ihrer Geschäftsführerin gerne hinzuziehen. Das spart Ihnen beiden Zeit, weil ich etwaige auftretende Fragen dann gleich beantworten kann." Die Kundin wird sich jetzt (im Falle eines Vorwandes) winden und weitere Ausflüchte finden: „Die Geschäftsführerin will das nicht." oder „Die Geschäftsführerin erreiche ich jetzt nicht." etc., weil sie ja nicht zugeben will/kann, dass sie in Wirklichkeit eine andere Strategie verfolgt. Als Verkäuferin holen wir uns in so einer Situation ein Frusterlebnis, weil unsere gut gemeinte Einwandlösung nicht funktioniert und wir sozusagen „leere Kilometer machen".

Nun möchten wir Ihnen eine Kommunikationstechnik vorstellen, die Ihnen künftig in ganz kurzer Zeit hilft, exakt zu ermitteln, ob es sich bei der Entgegnung der Kundin um einen Einwand handelt, also um einen kritischen Aspekt Ihrer Kundin, den Sie lösen müssen, da Sie ansonsten keinen Abschluss erzielen können, oder ob es lediglich ein Vorwand ist, also ein vorgeschobenes Argument.

4.1.6.4 Auspendeln

Dies ist ein Messinstrument, mit dem Sie den Unterschied zwischen Einwand und Vorwand rasch und sicher herausfinden werden. Die Technik ist eines der mächtigsten Werkzeuge im Instrumentarium von Profiverkäuferinnen.

Aber Achtung! Es handelt sich lediglich um ein Messinstrument – ähnlich einem Meterstab oder einer Wasserwaage. Mit einem Meterstab können Sie keine Löcher in die Decke bohren und auch keine Vorhangstange montieren. Was Sie stattdessen damit tun können, ist abmessen, wo Sie die Löcher haben wollen und wie lang die Vorhangstange sein soll. Mit anderen Worten: Mit dem Messinstrument des Auspendelns können Sie keine Einwände lösen, sondern lediglich herausfinden, ob es sich um einen Einwand oder um einen Vorwand handelt. Danach richten Sie Ihre weitere Gesprächsverlaufsstrategie aus.

Das Auspendeln funktioniert in drei Schritten:

1. Nehmen Sie den Einwand/Vorwand an und zeigen Sie Verständnis.
2. Wiederholen Sie die Aussage der Kundin möglichst wortwörtlich (ohne Wertung, ohne Interpretation).
3. Stellen Sie eine nutzenorientierte Frage zu einem anderen Punkt (eben nicht zum Einwand selbst, aber natürlich zum besprochenen Projekt).

Wenn Ihre Kundin erneut den Einwand vorbringt, dann zeigt Ihr Messinstrument einen echten Einwand an. Bringt die Kundin den vorgenannten Einwand nicht mehr wieder, so handelt es sich um einen Vorwand.

So sich der kritische Aspekt Ihrer Kundin als Einwand herausgestellt hat, gilt es nun, diesen zu lösen.

4.1.6.5 Einwände lösen

Wir haben besprochen, wie Sie Bedingungen von Einwänden und Vorwänden unterscheiden und dann mithilfe des Auspendelns herausfinden können, ob es sich um einen Einwand oder um einen Vorwand handelt. Wenn das Auspendeln ergeben hat, dass es sich bei der Aussage der Kundin um einen echten Einwand handelt, dann sollten Sie diesen in den meisten Fällen auch lösen.

Oft wird in dem Zusammenhang auch von „Einwandbehandlung“ gesprochen. Das bedeutet zwar meistens dasselbe, aber der Begriff „Behandlung“ klingt so, als sei ein Einwand eine Krankheit, die er ja nicht ist. Wenn Sie sich ein paar Minuten Zeit nehmen und die Einwände, mit denen Sie in Ihrer Praxis konfrontiert werden, aufschreiben, werden Sie feststellen, dass es sich um keine allzu große Anzahl handelt. Wenn man alle Bedingungen abzieht und nur die echten Einwände (die ja oft auch Vorwände sein können) ansieht, dann ist es meistens nur noch eine Zahl zwischen drei und fünf. Ziehen Sie dann noch diejenigen ab, bei denen es sich um das Resultat von fehlenden Informationen, Missverständnissen und Unklarheiten handelt, bleiben häufig nicht mehr viele Einwände übrig. Das sind dann allerdings oftmals Einwände, die in den Augen unserer Kundinnen „echte Nachteile“ gegenüber dem Mitbewerb bedeuten. Wie vorher bereits erwähnt, können wir in so einem Fall meist nur diesen einen „echten Nachteil“ mit unseren zahlreichen Vorteilen und Nutzen für die Kundin aufwiegen.

Für die **Einwandlösung** (oder Einwandbehandlung) gibt es folgende Schritte, wobei Sie die ersten beiden schon vom Auspendeln kennen:

1. Nehmen Sie den Einwand an und zeigen Sie Verständnis.
2. Wiederholen Sie die Aussage der Kundin möglichst wortwörtlich (ohne Wertung, ohne Interpretation).
3. Isolieren Sie den Einwand und hinterfragen Sie. (Finden Sie heraus, ob es sich um ein Missverständnis, um eine fehlende Information oder um eine andere Vorstellung/Meinung handelt.)
4. Lösen Sie den Einwand mit Ihrem Vorschlag, den Sie idealerweise für diesen Einwand bereits vorbereitet haben.
5. Checken Sie ab, ob die Kundin mit Ihrer Lösung einverstanden ist.

Dann sollte alles klappen. Doch nun genug der kritischen Aspekte. Wenn Sie vorher Ihren Job gut gemacht haben, werden Sie dieses Problem der Einwände ohnehin nur von weniger gut ausgebildeten Kolleginnen kennen.

4.2 Phase 2 im mehrstufigen Verkaufsprozess

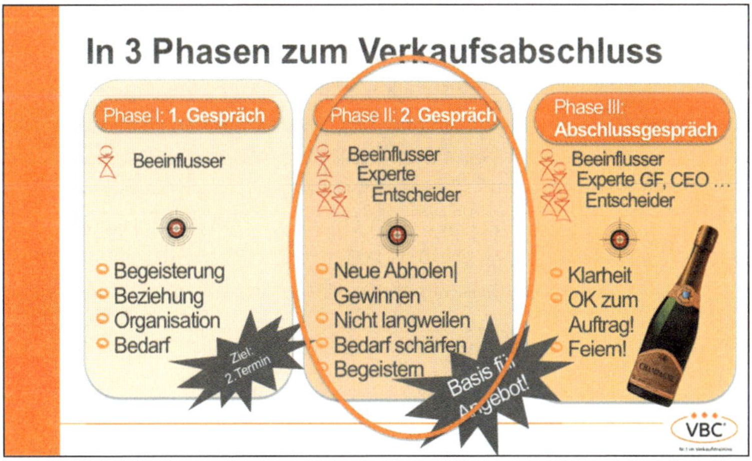

Wir benennen diesen Teil des Prozesses bewusst als „Phase“ und nicht als „Gespräch“. Gespräche wird es im Rahmen eines mehrstufigen Verkaufsprozesses vermutlich mehr bis viel mehr geben. Es kann absolut sinnvoll sein, einmal mit Ihrer Influencerin ein gemeinsames Frühstück einzunehmen – Liebe geht bekanntlich durch den Magen. Und Kostenbewussten bzw. all jenen Kolleginnen, die entsprechende Spesenlimits haben, sei gesagt: Ein Frühstück ist in der Regel deutlich günstiger als ein Mittagessen und erzielt die gleiche Wirkung.

Bitte tun Sie allerdings in diesem Kontext ausschließlich das, was im Rahmen der Compliance-Vorschriften Ihres Unternehmens auch wirklich möglich ist. Mit Sicherheit werden Sie im Rahmen des Prozesses auch das ein oder andere Telefonat führen, um zum Beispiel Ihre Influencerin für das Zweitgespräch richtig ins Boot zu holen. Es ist durchaus zweckmäßig, sie darüber zu informieren, was Sie im Zuge des Zweittermins beabsichtigen. Ihre Influencerin kann sich dadurch auf ihre eigene Rolle beim nächsten Termin noch besser einstellen und hat einen Entscheidungsvorsprung gegenüber der Entscheiderin bzw. den Entscheiderinnen.

In Zukunft werden Sie möglicherweise Ihre Dienstleistung oder Ihr Produkt analog visualisieren, also ein Flipchart oder ein Pin-Blatt verwenden. Wie das geht und welche Vorteile das hat, lesen Sie in diesem

Buchteil. Dazu benötigen Sie allerdings auch die räumlichen Rahmenbedingungen. Besprechen Sie mit Ihrer Influencerin, welche Rauminfrastruktur Sie beim nächsten Termin benötigen. Fragen Sie sie, ob ein Flipchart oder gar eine Pinnwand vorhanden ist. Falls nicht, können Sie auch selbst ein vorbereitetes Flipchart-Blatt oder Pin-Papier mitnehmen. Und selbst, wenn weder Flipchart noch Pinnwand zur Verfügung stehen sollten, können Sie dieses Papier im Meetingraum auf weißen Wänden oder sogar auf Türen oder Fensterflächen wunderbar mit Klebestreifen anbringen. (Am besten eignen sich hierzu übrigens Malerbänder, denn diese halten gut und lassen sich rückstandsfrei wieder ablösen.) Das alles zählt schon zur Vorbereitung der nächsten Phase.

4.2.1 Vorbereitung

Bereiten Sie das Zweitgespräch unmittelbar nach Ihrem Ersttermin vor. Das mag möglicherweise für einige ungewöhnlich klingen, stellt allerdings erwiesenermaßen einen enormen Effektivitätsturbo dar. Am besten planen Sie die Besuchsnachbereitung bereits in Ihrem Zeitplansystem (Kalender) unmittelbar nach dem Ersttermin ein. Mit der Zeit wird auch das zu einer guten Gewohnheit werden. Und dass Gewohnheiten bald nicht mehr anstrengend sind, haben wir ja schon besprochen.

Tipp:

Führen Sie die Vorbereitung für Phase 2 unmittelbar nach Ihrem Ersttermin durch!

Begründung:

- Sie haben alles noch in bester Erinnerung.
- Selbst Lieblingsworte der Kundin oder Influencerin haben Sie sich gemerkt und können diese somit in Ihre Präsentation übernehmen.
- Ihre Notizen sind noch frisch und Sie können vieles noch gut oder zumindest besser entziffern, während Sie in fünf oder sechs Wochen (oder wann immer der Zweittermin stattfindet) möglicherweise keine Ahnung mehr haben, was Sie damals gemeint oder geschrieben haben.

- All over ist es ein Riesen-Zeitturbo! Erfahrungsgemäß brauchen Sie bei einer Vorbereitung unmittelbar nach einem Ersttermin lediglich ein Viertel der Zeit, die Sie dafür aufwenden müssten, wenn Sie die Vorbereitung erst Wochen später kurz vor dem nächsten Termin durchführen.

Denken Sie immer an den Tipp, Ihre Notizen für den Gesprächsablauf handschriftlich festzuhalten – Sie merken sich Ihre Notizen auf diese Weise einfach besser!

Tipp:

Erledigen Sie Ihre Besuchsvorbereitungen und vor allem Ihre Ziele immer (hand-)schriftlich. Dies erhöht Ihre Erfolgschancen um 25 Prozent!

Es gilt jetzt auch, eine PowerPoint-Präsentation für den Zweittermin vorzubereiten. Wie schon erwähnt: Wann immer Sie mehr als eine Gesprächspartnerin erwarten, ist eine solche Präsentation als visuelles Hilfsmittel quasi Pflicht.

4.2.2 Kontaktziel für heute

Der Misserfolgsfaktor Nr. 5 aus Kapitel 2 dieses Buches – „Kein klares Kontaktziel" – wird nun durch sein Gegenteil zu Ihrem Erfolgsfaktor:

Mittlerweile sind Sie ja gut vorbereitet – was ist also heute Ihr Ziel?

- Achten Sie darauf, Ihre Influencerin nicht zu langweilen. Manches von dem, was Sie heute mit der Entscheiderin bzw. mit den Entscheiderinnen besprechen werden, hat sie ja im Zuge des Ersttermins schon gehört. Sie daher telefonisch vorab darüber zu informieren, wie Sie im Termin vorzugehen planen, ist charmant und absolut sinnvoll.
- Es gilt, die Entscheiderin bzw. die Entscheiderinnen zu gewinnen.
- Sehr wichtig ist ebenfalls, das Wissen Ihrer Influencerin mit dem der Entscheiderin bzw. mit den Entscheiderinnen zu synchronisieren. Sie wissen schließlich nicht, worüber intern bereits gesprochen wurde und worüber nicht. Gehen Sie das Risiko nicht ein, in einen möglichen Informationsdefizitkonflikt zu geraten. Das könnte diplomatisch unangenehm werden.
- Begeistern Sie mit Ihrem Auftreten.
- Vermitteln Sie überzeugend Ihren USP (Unique Selling Proposition = Alleinstellungsmerkmal).
- Heute erlangen und erfragen Sie all jene Informationen, die Sie für eine potenzielle Angebotslegung benötigen. Und wenn das, aus welchem Grund auch immer, im Zuge des Termins selbst noch nicht möglich sein sollte, so fixieren Sie einen festen Zeitpunkt, bis zu dem Sie die notwendigen Infos erhalten werden, oder klären Sie ab, ob dazu möglicherweise noch ein weiteres Gespräch erforderlich ist.

4.2.2.1 Hauptziel

Es gilt heute, einen Termin für Ihre Angebotspräsentation zu erhalten, den Kalender zu zücken, und diesen Termin mit Ihren Gesprächspartnerinnen gleich zu fixieren. Sie wollen schließlich nicht Ihrer Kundin nachlaufen und auf diese Weise in die Rolle der Bittstellerin gelangen.

4.2.2.2 Sub- oder Alternativziel

Vielleicht haben Sie heute Zusatzinformationen von der Entscheiderin erhalten, die Sie nach dem Ersttermin mit der Influencerin noch überhaupt nicht kannten. Vielleicht sind dafür aber auch noch andere Personen (Expertinnen, Produktmanagerinnen …) aus dem Hause der Kundin nötig, die heute nicht greifbar waren.

4.2.3 Wer sitzt heute mit am Tisch?

Das ist natürlich eine Metapher. Wie wir inzwischen sehr gut wissen, funktioniert dieses Konzept nicht nur im Rahmen von Präsenzterminen, sondern (beinahe) gleich gut auch via Videokonferenz-Systeme. In diesem Fall haben Sie Ihre Gesprächspartnerinnen zu einer Videokonferenz eingeladen.

Der Misserfolgsfaktor Nr. 1 aus Kapitel 2 „Falsche Gesprächspartnerin" wird nun zu Ihrem Erfolgsfaktor: Sie haben die richtigen Gesprächspartnerinnen im Visier.

4.2.3.1 Buying Center

Dazu gibt es eine Menge an Literatur, Beschreibungen und Empfehlungen. Doch nur Theoretikerinnen halten sich stundenlang damit auf, wir gehen gleich in die Praxis und in die Umsetzung. Natürlich unterscheiden sich die Rollen unserer potenziellen Gesprächspartnerinnen im Zweittermin. Diese können sein:

1. Ihre Influencerin (Entscheidungsbeeinflusserin)
2. die Entscheiderin bzw. Ihre Entscheiderinnen
3. Anwenderinnen
4. Expertinnen
5. Einkäuferinnen
6. und viele andere mehr

Profis modellieren ihre Nutzenansprache im Rahmen ihrer Dienstleistungs- oder Produktpräsentation abgestimmt auf ihr Gegenüber. Für eine Anwenderin wird die einfache Bedienung (Usability) wichtig sein, die Geschäftsführerin stellt aller Wahrscheinlichkeit nach auf Profitabilität ab und die Einkäuferin wird vermutlich den günstigsten Preis anstreben.

- Wenn Sie alle am Tisch haben und Nutzen und/oder Vorteile in Ihre Präsentation aufnehmen wollen, wird es klug sein, **für alle Beteiligten etwas abzubilden**. Und falls Sie nicht präsentieren, sollten Sie diese unterschiedlichen Nutzenaspekte in Ihren Wortschatz einfließen lassen.
- Noch wichtiger als eine zentrierte Nutzenorientierung ist allerdings, **mit den unterschiedlichen Sympathien Ihrer Gesprächspartnerinnen professionell umzugehen**. Sie haben wahrscheinlich zumindest einen Fan im Publikum – Ihre Influencerin. Vielleicht haben Sie aber auch Feindinnen und die hinzugekommene Expertin ist die Schwägerin einer Mitarbeiterin Ihrer größten Wettbewerberin (Mitbewunderin). Die eine oder andere im Buying Center ist möglicherweise neutral. Fokussieren Sie Ihre Energie allerdings nicht auf Ihre „Feindin". Diese Schlacht werden Sie nicht gewinnen, ganz im Gegenteil: Wenn Sie für sie Energie und Zeit aufwenden, verlieren Sie möglicherweise alle anderen. Legen Sie den Fokus auf Ihre Fans (deren freundlicher Blickkontakt gibt Ihnen auch Energie) sowie auf die neutralen Beteiligten. Die Zeit und die gesellschaftliche Entwicklung helfen Ihnen dabei. Moderne Unternehmen entscheiden nicht hierarchisch, sondern kooperativ. Oder glauben Sie, eine moderne Geschäftsführerin würde sich gegen ein großes Votum ihres Managements hinwegsetzen, wenn sie zwar

persönlich den Mitbewerber bevorzugen würde, ihre Mitarbeiterinnen aber eindeutig Präferenz für Sie zeigen? Diese würden ihr doch in den kommenden Monaten und Jahren beweisen, dass es die falsche Entscheidung war. Eine kluge Geschäftsführerin wird das nicht riskieren.

4.2.4 Das Wissen der Kundinnen synchronisieren

Der Misserfolgsfaktor 3 „Menschen und Abteilungen in Organisationen sind oft nicht abgestimmt“ wird zum Erfolgsfaktor:

Steuern Sie die Personen im Buying Center virtuos von außen.

Wie? – Ganz einfach: Spiegeln Sie an den entscheidenden Stellen im Zweitgespräch zurück, was Sie im bisherigen Verlauf des Projektes, also im Zuge des Erstgesprächs, schon alles erfahren haben.

- Machen Sie dadurch dieses Wissen gemeinschaftlich.
- Bringen Sie alle auf den gleichen Stand.
- Sind alle d'accord, dann holen Sie damit Ihre Gesprächspartnerinnen automatisch auf die Ja-Straße.
- Und wenn nicht, haben Sie jetzt eine gute Chance, Missverständnisse zwischen Ihrer Influencerin und der Entscheiderin bzw. den Entscheiderinnen aufzudecken und auszuräumen.

Wie genau und wann Sie das machen, besprechen wir in Kürze intensiv im Abschnitt 4.2.6 „Präsentationsstruktur Phase 2".

4.2.5 Angebotsinformationen einholen

In den allermeisten Businesssituationen benötigt Ihre Kundin für eine Bestellung bzw. Beauftragung ein schriftliches Angebot von Ihnen. Das mit den Angeboten ist allerdings so eine Sache …

Achten Sie darauf, Ihr Offert nicht zu früh zu versenden, sprich zu einem Zeitpunkt, da Sie noch gar nicht alle relevanten Informationen erfragt haben. Dieses Angebot könnte dann möglicherweise als PDF-File im Unternehmen Ihrer potenziellen Kundin herumschwirren und in die „falschen" Hände gelangen. Ohne Ihre detaillierten und ausführlichen Erklärungen zählt meist nur der Preis – und dieser erscheint dann in aller Regel zu hoch. (Hoffentlich, denn ich unterstelle Ihnen jetzt einmal, dass Sie eine Premiumanbieterin sind.) Dass der hohe Preis bei komplexen Produkten und Dienstleistungen quasi niemals ein Ausschlusskriterium ist, werden wir noch ausführlich im Kapitel 5 „Der liebe Preis" diskutieren.

Heute gilt es also, wirklich sämtliche Informationen zu bekommen, die Sie für eine professionelle Angebotslegung benötigen. Sollte dies jedoch (aus welchem Grund auch immer) nicht klappen, dann gilt es zu vereinbaren, wie und wann Sie zu den erforderlichen Informationen kommen. Diese Fragen müssen Sie heute stellen.

Was alles noch Erfolgsfaktoren bei der professionellen Angebotsgestaltung sind, werden wir uns im übernächsten Kapitel ganz genau anschauen.

4.2.6 Präsentationsstruktur Phase 2

Der Misserfolgsfaktor Nr. 4 „Verkäuferinnen haben oft keinen (Projekt-)Plan" wird nun zum Erfolgsfaktor:

Wir benötigen eine sehr kluge Präsentationsstruktur. Mit „klug" meine ich, dass alles verkaufspsychologisch sauber aufgesetzt ist und dass es, was die Struktur der Agenda und damit die Kapitelüberschriften betrifft, für alle unsere Kundinnen passt. Der Text unter den Überschriften ist zu individualisieren. Damit machen Sie das Kostüm für Ihre Kundinnen vom Stangenprodukt zum maßgeschneiderten Designerkostüm, Sie sparen enorm viel Zeit und gewinnen von Präsentationseinsatz zu Präsentationseinsatz Kompetenz und Ablaufroutine hinzu.

Sie erinnern sich: Bei mehr als einer Person am Tisch geht ohne visuelle Hilfsmittel gar nichts. Das Synchronisieren Ihrer Audiobotschaft mit dem, was Ihre Kundinnen auf der Präsentation sehen, schafft Klarheit.

Tipp:

Nur klare Kundinnenköpfe kaufen. Verwirrte Kundinnen kaufen nicht.

Die Ablaufstruktur bildet den Ablauf des Gesprächs ab, den Sie sich überlegt haben und der zu 100 Prozent zu Ihrem Gesprächsziel passt.

Und hier die Struktur:

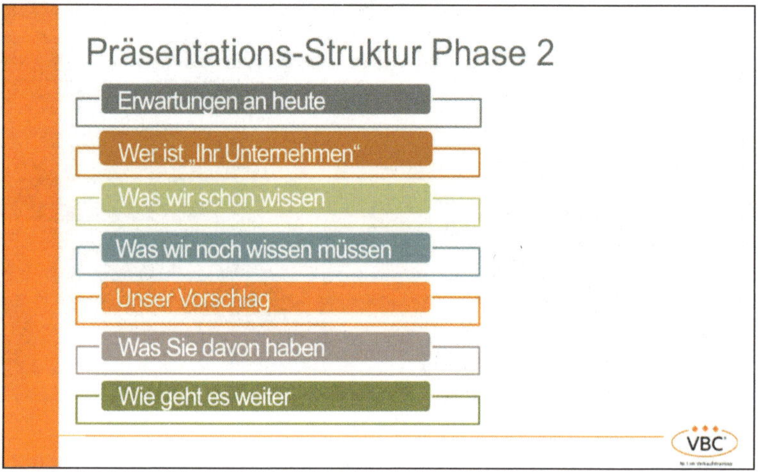

Die Anzahl der Agenda-Punkte liegt im wirkungsvollen Bereich: Nicht weniger als vier, denn das ist uninteressant, und nicht mehr als sieben, denn das wirkt für die Betrachterin oft gleich einmal unübersichtlich.

Gehen wir die einzelnen Überschriften/Kapitel sogleich an und starten wir mit dem Projekttitel.

4.2.6.1 Projekttitel

Anstelle der Überschrift auf der Vorlagenfolie „Präsentationsstruktur Phase 2" brauchen Sie einen guten Titel.

Hat Ihr Projekt schon einen Namen? Gab es diesbezüglich eine Vorgabe seitens Ihrer Kundin? Wenn die Antworten auf beide Fragen Nein lauten, habe ich einen Vorschlag für Sie. Nehmen Sie folgenden Titel:

„Was steckt heute für Sie drinnen?"

Das funktioniert immer, denn er suggeriert sofort aus der Sicht der Kundin: „What's in it for me?" Also, was kann ich mir heute Schönes erwarten? Was habe ich davon? Das spricht an.

Jetzt noch eine oft gestellte Frage: Kundenlogo – ja oder nein?

Ich persönlich bin tendenziell eher dagegen, aber wenn ja, dann muss es auf alle Fälle zu 100 Prozent (!) das aktuelle und richtige Logo der Kundin sein, in einer adäquaten Auflösung und in der korrekten Farbgestaltung. Platzieren Sie es am besten rechts oben, also in der Poleposition. Und falls Sie Ihr eigenes Logo ebenfalls im Folienmaster haben möchten, dann fügen Sie dieses eher rechts unten ein.

Tipp:

Platzieren Sie das aktuelle und korrekte Kundenlogo in der Poleposition.

Wieso habe ich vorher von „tendenziell eher dagegen" gesprochen? Erstens kostet es Zeit, das richtige Logo zu recherchieren und von der Firmenwebsite Ihrer Kundin herunterzuladen, und zweitens besteht die Gefahr, dass die Agentur Ihrer Kundin möglicherweise gerade an einem Relaunch bastelt und Sie eben *nicht* die letzte aktualisierte Version haben. Das kann zu Irritationen führen. Viel wichtiger ist, dass die Inhalte, also die Texte unter den Kapitelüberschriften, passgenau zur Unternehmenswelt Ihrer Kundin passen. Das wirkt professionell.

4.2.6.2 Präsentationskapitel „Erwartungen an heute"

Holen Sie Ihre Kundinnen von der ersten Sekunde aus ihrer Komfortzone heraus. Kundinnen tendieren dazu, bei Verkaufspräsentationen rasch in eine Konsumentinnenrolle zu schlüpfen. Bildlich gesprochen, lehnen sie sich zurück, legen ihre Beine auf den Tisch, entspannen sich und warten nun darauf, welches Entertainment oder Infotainment von der Verkäuferin – also von Ihnen – kommt. Bei Weitem klüger ist es allerdings, von Beginn an eine Partnerschaft auf Augenhöhe anzustreben. Aktivieren Sie Ihre Kundinnen daher sofort.

Wie?

Mit dieser Zauberfrage:

Diese Zauberfrage wirkt wahre Wunder! Geben Sie Ihren Kundinnen nun ein bisschen Zeit (in der Regel ist eine Minute dafür ausreichend), in der sie in sich gehen und die eigene Erwartungshaltung an den heutigen Termin überlegen können, um Ihnen diese dann mitzuteilen. In den allermeisten Fällen erklären Ihnen Ihre Kundinnen nun ihr eigenes Entscheidungsbetriebssystem.

Hier kommen Antworten wie zum Beispiel:

- „Heute wollen wir unbedingt die Vorteile Ihrer Lösung erkennen und verstehen!"
- „Wir müssen die Investitionssumme kennen!"
- „Was sind unsere größten Vorteile, vor allem gegenüber Mitbewerber XY?"
- „Wie soll es nach dem heutigen Termin weitergehen?"
- „Wie sieht der Zeitplan aus?"

Notieren Sie all das, was man jetzt an Sie heranträgt. Im Präsenztermin – so Sie ein Flipchart im Raum haben – schreiben Sie sämtliche Punkte auf, die von Ihren Kundinnen kommen. Im virtuellen Termin nutzen Sie dazu nach der Bildschirmteilung zum Beispiel Whiteboard oder OneNote (beides wird im MS Office 365 automatisch mitgeliefert).

Am Ende Ihres Termins haben Sie dann die Möglichkeit, die Aufmerksamkeit Ihrer Kundinnen nochmals auf die Erwartungshaltung am Gesprächsanfang zu lenken und im besten Fall die einzelnen Punkte abzuhaken. Das schafft Motivation, das schafft Stimmung für Ihre Lösung!

4.2.6.3 Präsentationskapitel „Wer ist ‚Ihr Unternehmen'?"

In diese Frage schreiben Sie natürlich anstelle von „Ihr Unternehmen" Ihren eigenen Firmennamen hinein.

Diesen Punkt, sprich eine kurze Firmenpräsentation, fügen Sie selbstverständlich nur dann ein, wenn im Zweittermin wirklich neue Gesprächspartnerinnen am Tisch sitzen, denn Ihre Influencerin kennt Sie ja bereits und hat vielleicht sogar schon im Ersttermin Ihre „Sell it"-Präsentation genossen. Wenn neue Personen dabei sind, achten Sie auf folgende Punkte:

- jedenfalls kkk – kurz, knapp und knackig
- wenig Text, maximal 25 Worte pro Folie (Mindestschriftgröße 24 Punkt)
- besser mehr Illustrationen oder Bilder
- alle Informationen nutzenorientiert (wenn kein Nutzen, lieber weglassen)

Tipp:

Haben Sie Mut zur Lücke, wenn es um Ihre Firmenpräsentation geht.

Es geht nämlich in Wirklichkeit heute um Ihre Kundinnen und nicht in erster Linie um Sie!

4.2.6.4 Präsentationskapitel „Was Sie schon wissen"

Hier orchestrieren Sie den Wissensstand Ihrer Gesprächspartnerinnen. Menschen und Abteilungen im Unternehmen Ihrer Kundinnen sind häufig gar nicht abgestimmt – doch dafür sorgen Sie jetzt.

Auf dieser Folie notieren Sie stichpunktartig das, was Sie im Ersttermin verstanden haben. Bitte leiten Sie diese Folie auch genau so ein: „Ich habe im Ersttermin folgendes notiert und möchte Sie bitten, dies gegebenenfalls zu korrigieren oder zu ergänzen."

Achtung: Wenn Sie sagen: „Frau Müller [Anm.: die Influencerin] hat mir im Ersttermin Folgendes erzählt …", killen Sie diese möglicherweise vor deren Chefin. Nämlich dann, wenn die Entscheiderin die Dinge anders oder sogar *ganz* anders sieht als Ihre Influencerin.

Lassen Sie Ihre Influencerin am Leben!

Daher bitten Sie gleich um Korrektur oder Feedback und regen Sie auch in diesem Punkt wieder den Dialog an. Wenn nun tatsächlich Ergänzungen oder Korrekturen erfolgen, so notieren Sie diese bitte. Handelt es sich lediglich um Kleinigkeiten, können Sie das gleich interaktiv in Ihrer Folie durchführen. Das hat den großen Vorteil, dass Ihre Influencerin und/oder die Entscheiderinnen nicht ständig auf die aus ihrer Sicht falschen Informationen blicken müssen.

4.2.6.5 Präsentationskapitel „Was wir noch wissen müssen"

Auf dieser Folie notieren Sie wieder stichpunktartig jene Punkte, die Sie möglicherweise im Ersttermin vergessen haben zu erfragen. Das passiert auch gut vorbereiteten Profis immer wieder einmal. Erfahrungsgemäß fallen Ihnen beim Aufbereiten des Zweittermins noch Punkte auf, zu denen Sie noch nicht alles genau wissen. Jetzt haben Sie die zweite Chance, Ihre Bedarfserhebung aus dem Erstkontakt zu erweitern. Deshalb gehört dieses Kapitel unbedingt *vor* Ihren Produkt- oder Dienstleistungsvorschlag! Denn nur mithilfe allfälliger neuer Informationen können Sie zusätzliche Aspekte und/oder Klärungen verbal in Ihren Vorschlag, der jetzt folgt, integrieren.

Arbeiten Sie konkret und mit klaren Botschaften. Formulierungen wie „Was wir noch gerne wissen *würden*", „Was wir noch wissen *sollten*" oder ähnliche Weichmacher (Konjunktive) haben an der Stelle nichts verloren. Seien Sie klar und stabil in Ihrer Sprache und achten Sie auf die „Macht Ihrer Worte".

4.2.6.6 Präsentationskapitel „Unser Vorschlag"

Wie auch schon im „Sell it"-Präsentationsmuster ist das nun Ihre Showtime! Nun ist Ihr Vorschlag allerdings maßgeschneidert, was ja bei der vorbereiteten „Sell it"-Präsentation für den Ersttermin noch gar nicht möglich war.

Haben Sie Produkte, die Sie präsentieren und vorführen können? Tun Sie das, damit die Kundinnen Ihre Lösung mit allen Sinnen erleben können.

Diejenigen Verkäuferinnen, die das bei ihren eigenen Produkten oder Dienstleistungen nicht tun können, nutzen das vorhandene Katalogmaterial sowie Folder zur Visualisierung und ergänzen die Wirkung durch Pencil Selling (darauf werden wir unter Punkt 4.2.9 noch genauer eingehen). Gestalten Sie Ihren Auftritt multimedial – auf diese Weise verankern Sie Ihre Botschaften.

Bei einem Präsenztermin eignen sich dafür auch Flipcharts oder Pin-Blätter, also große Medien.

Große Medien und großes Kino sorgen in der Regel für große Aufträge, kleine Medien generieren kleine Aufträge. Im Videokonferenzformat nutzen Sie dafür Whiteboard oder OneNote, vorausgesetzt, Sie verfügen über einen Computer mit Touchscreen und Stift. Diese Infrastruktur sollte allerdings in der digitalen Gegenwart ohnehin bereits zur Standardausrüstung von Spitzenverkäuferinnen gehören.

Jetzt gilt es, Ihre Kundinnen von Ihrem USP zu begeistern. Gelingt Ihnen das, dann haben Sie es richtig gut, denn ab diesem Zeitpunkt existiert in den Augen Ihrer Kundinnen kein Wettbewerb mehr (ein echtes Alleinstellungsmerkmal haben ja tatsächlich nur Sie und keine Ihrer Mitbewerberinnen). Gelingt es, Ihre Kundinnen davon zu überzeugen, dann sind Sie im Geschäft, ansonsten leider nicht. **Was aber ab dann nie mehr eine Rolle spielen wird, ist der Preis** – eine wunderbare Situation für alle Spitzenverkäuferinnen.

4.2.6.7 Präsentationskapitel „Was Sie davon haben"

Hier notieren Sie stichpunktartig den Nutzen Ihres Vorschlags bzw. Ihrer Lösung. Keine Merkmale oder Argumente, nur Nutzen-Elemente, die Relevanz im Kopf der Kundinnen haben. Um auf Nummer sicher zu gehen, erkläre ich Ihnen anhand eines Beispiels, worin der Unterschied zwischen Argumenten/Merkmalen und Nutzen besteht:

Beispiele:

a) „Dieses Auto hat 180 PS" = Merkmal
„Damit haben Sie beim Überholen auf der Landstraße mehr aktive Sicherheit" = Nutzen

b) „Diese Versicherung inkludiert eine Berufsausfallversicherung" = Merkmal
„Damit sichern Sie Ihr Einkommen ab, sollten Sie einmal zum Beispiel wegen einer Krankheit längere Zeit ausfallen" = Nutzen

Ein Merkmal oder Argument kann natürlich auch unterschiedliche Nutzen haben. Dazu ebenfalls ein Beispiel:

Beispiel:

a) „Das Auto hat 180 PS. Damit beschleunigen Sie schneller als andere Fahrzeuge an der Kreuzung und erreichen rascher Ihr Ziel."

Eine ökologisch orientierte Käuferin wird diesen Nutzen für sich nicht in Anspruch nehmen, eher werden Sie sie damit verschrecken. Daher ist es durchaus sinnvoll, vorab abzuklären, worauf Ihre Kundin Wert legt. Und dass Sie im Buying Center die Nutzenorientierung an die Rolle Ihrer Gesprächspartnerinnen anpassen müssen, haben wir ja schon besprochen.

4.2.6.8 Präsentationskapitel „Wie geht es weiter?"

Wie wichtig der „nächste Schritt" ist, haben wir bereits im Zusammenhang mit dem Erstkontakt betont. Hier gilt es nun einen weiteren Termin für die Angebotspräsentation festzulegen, daher nehmen Sie diesen Punkt mit auf die Folie.

That's it!

Sie haben gesehen – keine Rocket Science. Erfolgreich werden Sie allerdings nur dann werden, wenn Sie dieses Erfolgsrezept Schritt für Schritt umsetzen.

Ich möchte Ihnen hier auch noch ein Beispiel einer Zweitterminpräsentation aus unserer VBC-Welt zeigen. Darin erhalten Sie Punkt für Punkt einen Einblick, wie das Besprochene erfolgreich in die Praxis umgesetzt werden kann.

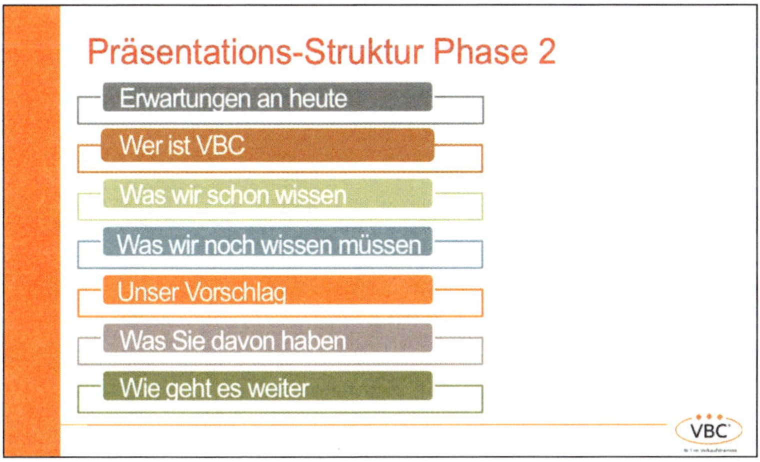

Wer ist VBC?

Milestones

- 1997: Wie alles begann
- 2001: Erstmals klare „Nr. 1 im Verkaufstraining" in Österreich
- 2001: VBC wird Franchisegeber
- 2006: Expansion nach D+CH
- 2009: VBC entwickelt TriStream® (Blended Learning)
- 2022 feiert VBC das 25 Jahre-Jubiläum

200.000 erfolgreiche Teilnehmer
25.000 Trainingstage

115 VBC-Akteure
Partner, Trainer, Tutoren, Produktspezialisten und KoordinatorInnen in D, A, CH

Lernforschung
- Stellhebel Transferwirksamkeit (Teilnehmer, Trainingsdesign, Organisation)
- Kooperation + Lektoren-Tätigkeit an Universitäten/Fachhochschulen.

VBC

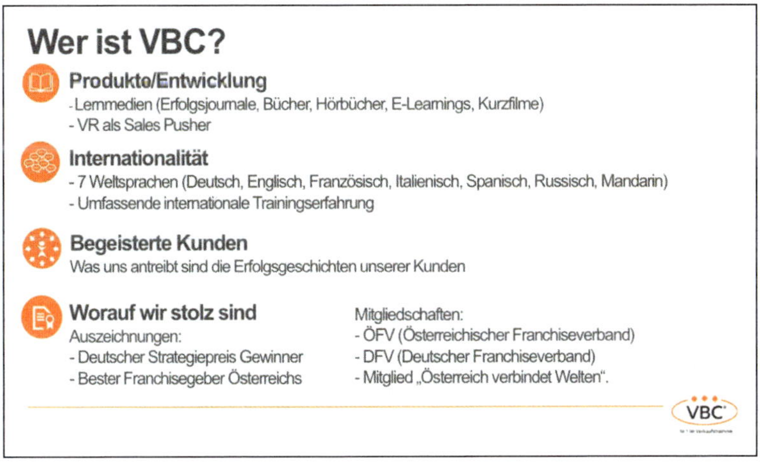
Wer ist VBC?
Produkte/Entwicklung
- Lernmedien (Erfolgsjournale, Bücher, Hörbücher, E-Learnings, Kurzfilme)
- VR als Sales Pusher
Internationalität
- 7 Weltsprachen (Deutsch, Englisch, Französisch, Italienisch, Spanisch, Russisch, Mandarin)
- Umfassende internationale Trainingserfahrung
Begeisterte Kunden
Was uns antreibt sind die Erfolgsgeschichten unserer Kunden
Worauf wir stolz sind
Auszeichnungen:
- Deutscher Strategiepreis Gewinner
- Bester Franchisegeber Österreichs
Mitgliedschaften:
- ÖFV (Österreichischer Franchiseverband)
- DFV (Deutscher Franchiseverband)
- Mitglied „Österreich verbindet Welten".
VBC

Was wir Ihnen bieten
Für Unternehmen
- TriStream® für Unternehmen
- Manufaktur
- Coaching
• P12-Programm für EH, ID, AD, FK
Dauer: 12 Monate
• Shop- und Telefoncoaching,
AD- und FK-Coaching
auch tageweise buchbar
Für Einzelpersonen
- TriStream® (für Einzelteilnehmer)
- Webinar-Akademie
- Neueinsteiger-Akademie
- Events
• Großveranstaltungen
• Project Insight
• Business Frühstück
Specials
Impulsvorträge
Diagnoseworkshop
Firmenpakete
Moderation von Verkaufsmeetings
VR als Sales Pusher
VBC

VBC
Nr.1 im Verkaufstraining
Warum klassische
Trainings nicht wirken

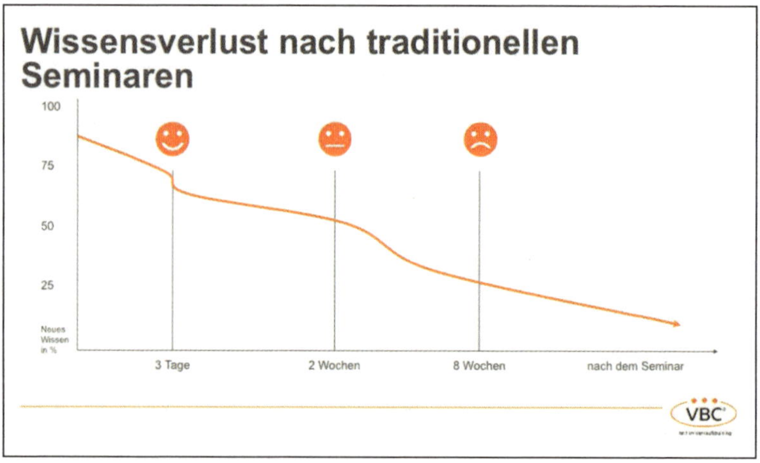
Wissensverlust nach traditionellen
Seminaren
100
75
50
25
Neues
Wissen
in %
3 Tage
2 Wochen
8 Wochen
nach dem Seminar
VBC

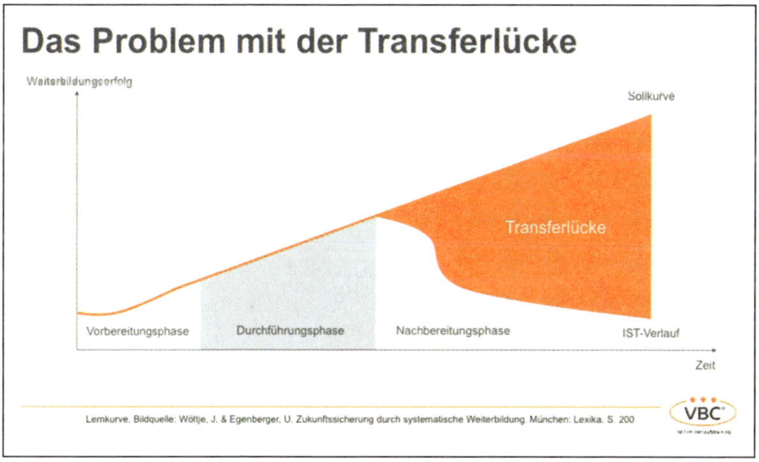
Das Problem mit der Transferlücke
Weiterbildungserfolg
Sollkurve
Transferlücke
Vorbereitungsphase
Durchführungsphase
Nachbereitungsphase
IST-Verlauf
Zeit
Lernkurve. Bildquelle: Wöltje, J. & Egenberger, U. Zukunftssicherung durch systematische Weiterbildung. München: Lexika. S. 200
VBC

VBC
Nr.1 im Verkaufstraining
TriStream®

Was wir schon wissen

- [....]
- [....]

VBC

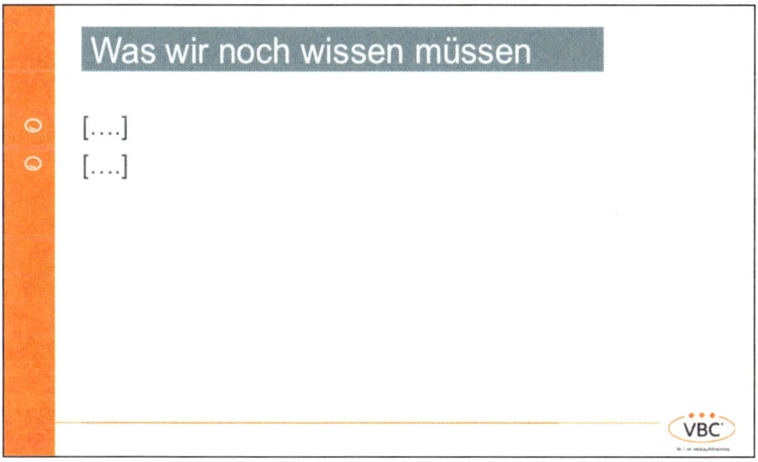
Was wir noch wissen müssen
[....]
[....]
VBC

Unser Vorschlag VBC-TriStream®
Pinnwand Präsentation

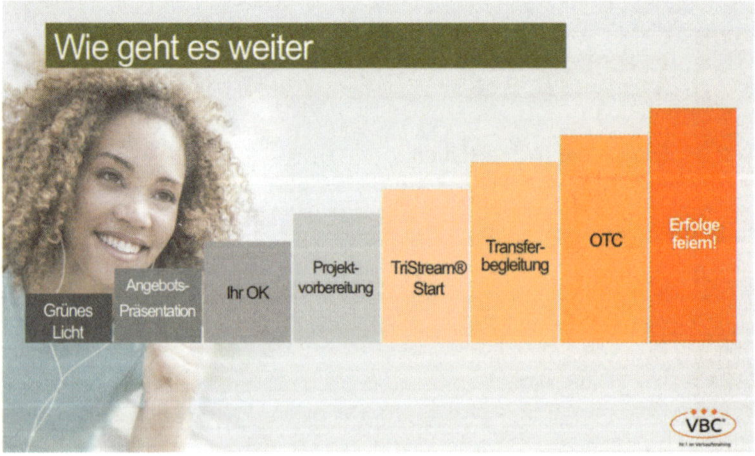

4.2.7 Der heutige Abschluss

Die Auflösung des Misserfolgsfaktors Nr. 5 „Kein klares Kontaktziel" haben wir schon besprochen. Sie benötigen in einem mehrstufigen Verkaufsprozess für jeden Kontakt ein klares Ziel. Gehen wir wieder vom häufigsten Praxisfall aus: Es ist Ihnen gelungen – Sie haben den klaren Auftrag erhalten, ein Angebot zu erstellen. Kompliment! Bravo!

Was jetzt kommt, wissen Sie schon: Sie schicken Ihr Angebot selbstverständlich nicht einfach an Ihre Kundin, sondern Sie fixieren einen Termin für die Präsentation Ihres Angebots mit Datum und Uhrzeit.

Wie Sie diesen Termin orchestrieren, werden Sie in Kapitel 4.3 „Phase 3 – Die Abschlusspräsentation“ in diesem Buch Schritt für Schritt kennenlernen.

4.2.8 Angebote, die funktionieren

Grundsätzlich gilt, wie schon besprochen: Erstellen Sie Ihr konkretes Angebot so spät wie möglich.

Wieso?

Wenn Sie das Angebot schon früher im Prozess erstellen und versenden, fehlen Ihnen vielleicht zu diesem Zeitpunkt noch wichtige Informationen. Sie verhindern damit auch, dass das Angebot möglicherweise in die „falschen“ Hände gelangt. Ohne Ihre ergänzenden Erklärungen werden Ihre Kundinnen Ihr Produkt bzw. Ihre Dienstleistung oder Ihre Lösung in den meisten Fällen als zu teuer befinden.

Nutzen Sie in dieser Phase Ihre Kommunikationskompetenz und lassen Sie sich, bevor Sie Ihr Angebot ausarbeiten, folgendes Kundengeheimnis verraten:

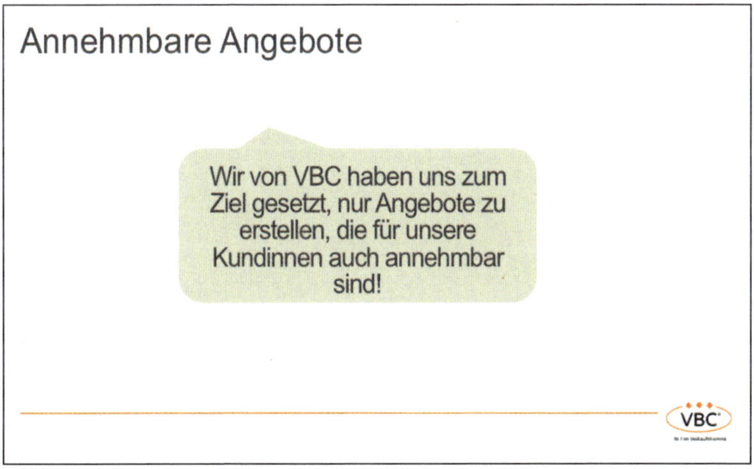

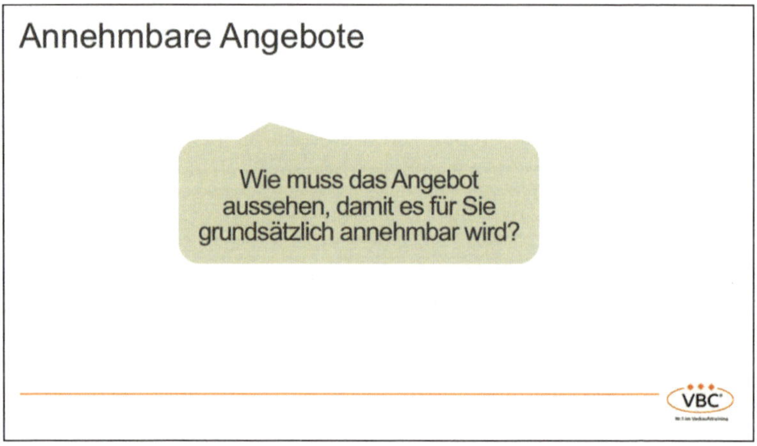

Oh Wunder! Viele unserer Kundinnen erzählen uns nun, wie sie ticken, also wie sie sich das Angebot konkret vorstellen, ob sehr detailliert oder gerade einmal überblicksartig oder angereichert mit Bewegtbildern, Tutorials etc.

Gerade jüngere Kundinnen werden auf multimediale Angebote anspringen, denn diese sind das von YouTube & Co. einfach gewohnt.

Die wichtigsten Regeln für wirksame Angebote:

- Nur, wenn für Auftragsvergabe notwendig
- Management Summary und Detail
- Inhaltsverzeichnis
- Merkmal + Nutzen
- KKK (kurz, knapp, knackig)
- Preis verpacken → www
- Angebotsgültigkeit, so kurz wie nötig.
- Persönliche Angebotspräsentation vereinbaren oder Sendedatum vereinbaren und Angebotsbesprechungstermin fix ausmachen (telefonisch oder per Videokonferenz)
- Outlooktermineintrag anbieten
- Mit positiver Energie absenden

Jedenfalls soll Ihr Angebot sowohl Überblicksdenkerinnen (meist Führungskräfte) als auch jene Menschen (meist Expertinnen) ansprechen, die sich detaillierte Informationen wünschen. Optimalerweise haben Sie daher auf einer Seite ein kompaktes Management Summary – für die Überblicksdenkerinnen. Dort können Sie mit folgender **WWW-Textstruktur** vorgehen:

- Das erste **W steht für „Was?"**

  Worum geht es bei diesem Produkt? Worum geht es bei dieser Dienstleistung? Geben Sie eine kurze, überblicksartige Beschreibung.

- Das zweite **W steht für „Wie viel?"**

  Hier können Sie die Investition/-en abbilden, verwenden Sie dabei aber auch wirklich das Wort **„Investition"**. Begriffe wie „Kosten", „Tarife", „Euros" u. dgl. suggerieren der Leserin, dass das Geld weg ist. Bei einer *Investition* hingegen haben wir Menschen gelernt, mehr zu kriegen, als wir gegeben haben. Arbeiten Sie damit.

- Das dritte **W steht für „Wofür?"**

  Hier formulieren Sie nun den Nutzen, den Sie im Rahmen der Bedarfserhebung und im Rahmen des Kapitels „Was wir noch wissen müssen" auf die Relevanz in den Köpfen Ihrer Kundinnen abgeklopft haben.

4.2.8.1 Interaktivität

Wenn Ihnen Ihr Gefühl sagt, dass Ihr Alleinstellungsmerkmal (USP) nur mithilfe von langen Texten oder detaillierten Beschreibungen vermittelbar ist, so kürzen Sie den Text und setzen Sie in Ihren Angeboten Hyperlinks. Auf diese Weise bleibt Ihr Angebot appetitlich kurz und gut lesbar, und all jene, die ausführlichere Informationen benötigen, haben nunmehr die Möglichkeit, mittels Klicks auf die Hyperlinks zu allen relevanten Detailinformationen zu kommen. So Sie damit arbeiten, können Sie natürlich auch GIFs oder Erklärvideos verlinken. Denken Sie an die Young Generation! Setzen Sie alles ein, was Ihren USP unterstützt.

Nun noch zur Gültigkeitsdauer Ihres Angebots: Diese soll so kurz wie möglich und so lange wie nötig sein. Haben Sie eine solche Deadline nicht erhalten oder aber wurde Ihnen ein besonders langer Zeitraum eingeräumt, so hat Ihre Kundin augenscheinlich keine Eile, was die

Bestellmotivation betrifft. Lösen Sie Sog aus und verknappen Sie – auch terminlich!

4.2.9 Pencil Selling

Lassen Sie uns einen kurzen Ausflug in ein kleines Tal südlich von San Francisco in Kalifornien machen, wo die führenden Tech-Giganten unseres Planeten zu finden sind. Ein riesengroßer Anteil aller digitalen Applikationen stammt von dort. Bei einem Besuch im Silicon Valley war ich ziemlich überrascht, dass man innerhalb dieser innovativen digitalen Welt oft sehr, sehr analog unterwegs ist. In den berühmten Unternehmen stehen Managerinnen (meist aus dem IT-Bereich) zusammen und notieren ihre Gedanken auf beschreibbaren Wänden oder – kein Scherz! – auf grünen Tafeln, wie wir das noch aus unserer Schulzeit kennen. Während vieler Minibesprechungen (oder auf Neudeutsch „Stand-ups“) wird beim Sprechen und Erklären einfach mitnotiert. Das räumt im eigenen Kopf auf und schafft auch für die Gesprächspartnerinnen Klarheit.

4.2.9.1 Klarheit im Kopf unserer Kundinnen

Schaffen auch wir durch wirkungsvolles Pencil Selling Klarheit im Kopf unserer Kundinnen! Aber was genau muss man sich denn nun unter „Pencil Selling“ vorstellen? Der Begriff kommt – wie könnte es anders sein – aus dem Amerikanischen und steht für das „Mitschreiben“ bzw. „Mitskizzieren“ beim Verkaufen. Damit sind allerdings nicht jene Notizen gemeint, die Sie sich selbst machen, sondern Visualisierungen für Ihre Kundin im Rahmen einer Präsentation. Das heißt also, Sie fertigen Skizzen, Grafiken und Diagramme an, die all das unterstreichen bzw. veranschaulichen sollen, was Sie sagen. Oft ist eine solche während des Gesprächs gemachte Skizze mit einer Struktur oder einer Ablauferklärung viel wirksamer als das schönste Vierfarbenprospekt, weil wir sie eben gemeinsam mit der Kundin entwickeln und durch unseren passgenauen Verbalkommentar ergänzen. Deshalb arbeiten Sie mit Pencil Selling vor allem im Bereich Ihres Vorschlags in der vorher besprochenen Zweitterminpräsentation. Übrigens, was am A4-Block klappt, klappt eins zu eins auch am Flipchart. Es sind dieselben hochformatigen Platzverhältnisse, nur eben größer. Dasselbe gilt für Pinnwände. Je größer Ihre Visualisierung ist, umso beeindruckender ist sie im wahrsten Sinne des Wortes.

Menschen nehmen Dinge viel klarer auf, wenn sie etwas nicht nur erzählt, sondern auch gezeigt bekommen. Damit schalten Sie den auditiven und den visuellen Kanal Ihrer Kundin synchron.

Aber Achtung: Probieren Sie das Pencil Selling im realen Einsatz bei Ihrer Kundin erst dann aus, wenn Sie zuvor all das, was Sie zeigen wollen, mit Kugelschreiber auf einem Blatt Papier oder im Videokonferenz-Setting in OneNote bzw. mit einem anderen Whiteboard-Programm wirklich gut geübt haben! Ein spontanes und impulsives Gekritzel könnte hier möglicherweise seinen Zweck verfehlen.

Noch ein praktischer Tipp:

Die Filzstifte in den Meetingräumen unserer Kundinnen sind in der Mehrzahl der Fälle entweder ausgeschrieben oder kaum noch verwendbar. Pencil Selling wirkt nur mit satten, kräftigen Farben und dicken Strichen. Haben Sie daher immer ein gut schreibendes Set an Filzstiften, am besten in den vier Grundfarben schwarz, grün, rot und blau in ihrem Koffer und achten Sie auf eine Spitzenbreite von mindestens 5 mm oder mehr. Wir Trainerinnen lieben übrigens die Stifte Neuland Nr.One®. Diese gibt es auch in einer nachfüllbaren Version, womit wir sogar noch etwas für unsere Umwelt tun können.

4.2.10 Sechs Tipps für Flips

Sie ahnen schon: Die satten, gutschreibenden Filzstifte können Sie hier gleich zum Einsatz bringen. Ich gestehe, das Erstellen von wirkungsvollen Flipchart-Blättern hat weniger mit Zeichentalent zu tun als mit Übung. Wir Trainerinnen haben diesbezüglich einen gewissen Wettbewerbsvorteil: Wir entwickeln mit großer Leidenschaft wirkungsvolle Spontanflips im Training vor Gruppen ganz klassisch mit Filzstiften auf weißem Flipchart-Papier. Hier schlägt analog eindeutig digital! So ein Flipchart-Blatt oder ein Pinnwand-Papier ist ein großartiges Medium, um komplexe Zusammenhänge zu vereinfachen, eine Kunst von wirklich guten Trainerinnen und Beraterinnen. Leider machen viele stattdessen Einfaches unverständlich und verlangen dafür auch noch Geld. Das wollen wir nicht und es ist im Profi-Verkauf auch absolut geschäftsschädigend.

Wie ich im Rahmen eines Impulsvortrages an der FH Campus 02 in Graz das Drei-Phasen-Konzept dieses Buches analog auf einer Pinnwand entwickle, können Sie sich gerne in diesem Film ansehen:

(Dauer 1:06:30 min)

4.2.10.1 Und hier nun die sechs Tipps für Flips:

Regel 1: Schriftgröße und Stärke

Benutzen Sie bitte dicke Stifte (mindestens 5 mm Schriftbreite). Haben Sie diese immer – saftig nachgefüllt – in Ihrem Verkaufskoffer mit.

Große Verkäuferinnen haben Großes mitzuteilen. Daher schreiben Sie auch groß und fett!

Regel 2: Sprechbeginn verzögern

Generell gilt der Leitsatz: „Zuerst schreiben, dann reden." Umgekehrt ist es für Ihre Kundinnen langweilig, denn die wissen dann ja schon, was Sie als Nächstes aufschreiben werden.

Am Flipchart ist das Notieren von Volltexten weder notwendig noch sinnvoll, denn Ihre Kundinnen sollen mit den Textfragmenten ohne Ihre detaillierten Ausführungen nichts anfangen können (das Gleiche gilt übrigens auch für PowerPoint-Folien).

Verzögern Sie Ihren Sprechbeginn, indem Sie zu schreiben beginnen und dann das Wort unvermittelt an einer Stelle unterbrechen, wo Ihre Kundinnen noch nichts damit anfangen können. Sie drehen sich zu Ihren Kundinnen um, sprechen das Wort ganz aus – und erst danach schreiben Sie es am Flipchart fertig.

Der Unterschied ist der: Ihre Kundinnen sind in der Zeit, in der Sie schweigend die Buchstaben schreiben, wie in einem Mini-Krimi gefangen. Sie wissen nicht, welches Wort oder welche Buchstabenabfolge dort gleich erscheinen wird. Sie folgen Ihnen voller Neugier – Spannung ist entstanden.

Regel 3: Kleine Symbolzeichnungen (2-Schritt-Bildtechnik)

Anstatt etwas aufzuschreiben, kann es oft besser sein, zu skizzieren (zeichnen). Keine Angst – Sie brauchen dazu kein großes Zeichentalent.

2-Schritt-Bildtechnik

- Schritt 1: Zuerst skizzieren Sie Ihr Bild, beispielsweise einen PC mit Tastatur, ohne dabei zu sprechen.
- Schritt 2: Sie drehen sich zu Ihren Kundinnen um und geben Ihrem Bild eine Bedeutung, z. B.: „Dieser Computer steht für die Datensicherheit in unserem Unternehmen."

Bilder schaffen Klarheit in unseren Köpfen, und Sie wissen ja schon: Klare Kundinnenköpfe kaufen.

Regel 4: Bewegen Sie sich

Kündigen Sie Ihren Kundinnen (z. B. Gruppe von Entscheiderinnen) vielsagend an: „Ich werde Ihnen jetzt etwas zeigen" – und erst dann schlagen Sie das betreffende Flipchart-Blatt um, schauen schweigend Ihre Kundinnen an und beobachten die Spannung, die allein durch diese Bewegung bei Ihren Zuhörerinnen ausgelöst wird.

Oder: Rücken Sie, ohne etwas zu sagen, das Flipchart einen Meter nach vorne bzw. zur Seite und beobachten wieder.

Oder: Schlagen Sie einmal mit der flachen Hand auf das Flipchart! Sie glauben gar nicht, welcher Aufmerksamkeitsruck in einem solchen Augenblick durch das Publikum geht!

Wenn Sie mit dem Flipchart arbeiten, haben Sie dasjenige Präsentationsmittel ausgewählt, mit dem Sie die mit Abstand höchste Wirkung erzielen können!

Regel 5: Durchstreichen

Streichen Sie Dinge, die Sie und Ihre Kundinnen so nicht tolerieren wollen, mit großer Geste durch, zum Beispiel die Wörter „Materialverschleiß" oder „hoher Energieverbrauch", wenn Ihr Produkt oder Ihre Dienstleistung genau damit brilliert.

Sie signalisieren dadurch „Nicht mit uns!“ bzw. „Nicht mit mir!“, „So nicht!“ oder „Das ist ab jetzt vorbei“. Dieses kleine Showelement trifft direkt die Herzen Ihrer Kundinnen und bewegt sie im doppelten Sinn des Wortes!

Tipp:

Nehmen Sie zum Durchstreichen stets einen roten Stift!

Regel 6: Die Position im Raum

Als Verkäuferin/Präsentatorin stehen Sie in der Mitte vor einer Entscheiderinnengruppe, das haben wir ja schon besprochen. Denn: Wer im Eck steht, kann nicht wirken. Stehen Sie ruhig in einem gewissen Abstand zu Ihren Kundinnen – allerdings auch nicht zu weit weg, schließlich sollen und wollen Sie ja gut gesehen und gehört werden. Wenn Sie mit einem Flipchart arbeiten, stellen Sie dieses nicht in den optischen Mittelpunkt des Raumes – den nehmen Sie selbst ein. Das Flipchart steht leicht versetzt links oder rechts hinter ihnen, je nachdem, ob Sie rechts oder links schreiben. Auf diese Weise bleiben Sie selbst der energetische Mittelpunkt des Raumes, nicht das Flipchart.

4.2.11 Das ideale Timing beim zweiten Gespräch

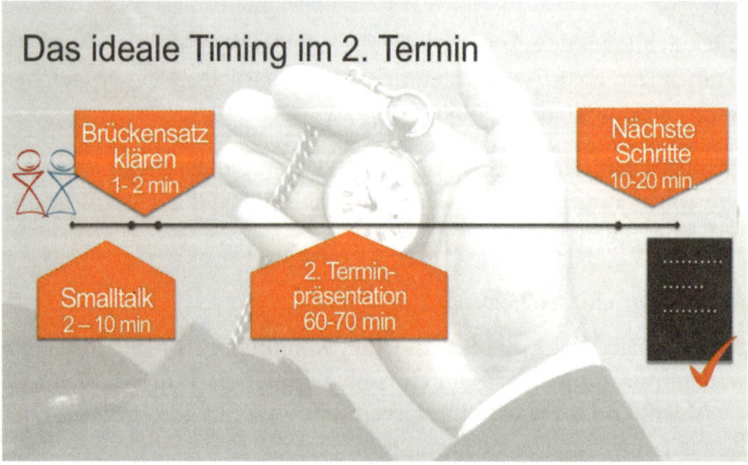

Im Unterschied zum ersten Termin starten Sie mit Ihrer Präsentation unmittelbar nach dem Small Talk und dem Brückensatz (= perfekte Überleitung vom Small Talk zum Businesstalk). Hier erklären Sie sogleich, dass Sie eine Projektpräsentation vorbereitet haben, die Sie in Kürze starten werden und die Ihnen hilft, Ihr Produkt bzw. Ihre Dienstleistung Ihrer Kundin einfach zu erklären.

Wie wir schon besprochen haben, ist das keine 60- oder 90-minütige Frontalpräsentation (dies würde Ihre Kundin nicht aushalten), sondern sie ist sehr interaktiv aufgebaut und Sie stimulieren damit den Dialog. Sie hilft Ihnen, den roten Faden zu behalten, bildet den Ablauf ab und bindet die Aufmerksamkeit Ihrer Kundin. Sie helfen damit Ihrer Kundin, die richtige Entscheidung zu treffen, und schaffen Klarheit.

4.3 Phase 3 – Die Abschlusspräsentation

Wie bereits vor dem Gespräch in Phase 2 ist es auch im Vorfeld der Abschlusspräsentation sinnvoll, Kontakt mit Stakeholdern aufseiten der Kundin zu haben. Ein Info-Telefonat mit unserer Influencerin (Entscheidungsbeeinflusserin) oder ein Austausch mit der Produktexpertin vom zweiten Termin kann sinnvoll sein. Vielleicht ist auch ein Treffen oder sogar ein Frühstück mit der Entscheiderin möglich. Wie gesagt: Drei Phasen bis zum Verkaufsabschluss bedeutet nicht, dass wir lediglich drei Gespräche zu führen brauchen. Das Ziel nach dem Projekteinstieg in Phase 1 ist es, in den Gesprächen bzw. Präsentationen in der zweiten und dritten Phase sämtliche Entscheidungsbeeinflusserinnen und alle Entscheiderinnen mit am Tisch zu haben. Erstaunlicherweise mögen das manche Verkäuferkolleginnen nicht. Immer wieder hören wir, dass eine Kundin anfragt, ob sie auch ihre Verkaufsleiterkollegin mit hinzuholen soll – aber die Verkäuferin lehnt dies ab. Dass Gespräche im Vieraugenprinzip leichter sind, als wenn uns zwei oder drei Gesprächspartnerinnen gegenübersitzen, ist schon klar. Wir müssen uns allerdings die Frage stellen: Wollen wir es bequem und komfortabel haben oder wollen wir einen Abschluss erzielen? Wenn Sie sich für Letzteres entscheiden (wovon ich ausgehe, sonst würden Sie dieses Buch nicht lesen), dann nutzen Sie jede – und zwar *wirklich jede* – Chance, möglichst alle Personen, die bei der bevorstehenden Kaufentscheidung ein Wort mitzureden haben, an den Tisch zu bekommen. Nur dann haben Sie die Möglichkeit, direkt mitzubekommen, wer welche Position vertritt, wer welche Einwände vorzubringen hat und wer welchen Ihrer Nutzenaspekte besonders wertvoll findet. Das ist für Sie viel klüger, denn nur auf diese Weise bietet sich Ihnen die Chance auf eine Einflussnahme, die Sie andernfalls nicht hätten.

Heute geht es um etwas!

Sie sind beim entscheidenden Termin angelangt, bei dem es darum geht, ob es zu einer Bestellung bzw. zu einer Auftragserteilung kommen wird, und werden damit die Antwort auf die Frage bekommen, ob sich die ganze Arbeit in den letzten Wochen (oder vielleicht sogar Monaten) für Sie gelohnt hat – oder nicht.

Denken wir nochmals an den Vergleich mit Spitzensportlerinnen: Als Silbermedaillengewinnerin in einer Mainsportart werden Sie durch Sponsorenverträge und Publicity vermutlich zu Reichtum und Berühmtheit gelangen. Als Zweitbeste im Ranking der Produkt-/Dienstleistungsanbieterinnen in einem Auswahlverfahren Ihrer Kundin zahlt man Ihnen nicht einmal die Anreisespesen, so Sie welche hatten.

Wo stehen wir im Prozess?

4.3.1 Vorbereitung

Im Vorfeld haben Sie mit Ihrer Influencerin geklärt, wer aller bei diesem Termin dabei sein wird; außerdem haben Sie auch die Meetingraum-Situation besprochen. Nun gilt es, die eigenen Unterlagen, die Sie bei diesem Termin benötigen, vorzubereiten. Wenn dieser in Präsenzform stattfindet, helfen analoge Unterlagen. Ein Medienwechsel, z. B. zwischen Folien am Notebook oder über den Datenprojektor, sowie zwischendurch Erklärungen und Visualisierungen aus einem Katalog oder Folder machen Ihre Präsentation bunter, ansprechender und spannender.

Wie viele Unterlagen haben Sie dabei?

Als Faustregel gilt: Wenn Sie Prospekte oder Unterlagen haben, nehmen Sie immer um mindestens zwei Exemplare mehr als die im Vorhinein genannte Anzahl an Teilnehmerinnen mit. Wieso plus zwei? Ganz einfach: Manchmal kommt es anders, als man denkt. Mitten in der Präsentation geht die Tür auf und die Vorstandsvorsitzende (mit der nun wirklich niemand von den Anwesenden gerechnet hat) erscheint unvermittelt auf der Bildfläche. Jetzt können Sie entweder einer Ihrer bisherigen Gesprächspartnerinnen den Katalog und andere Unterlagen wegnehmen und an die Vorstandsvorsitzende weitergeben oder Sie müssen die Vorstandsvorsitzende vertrösten. Beide Optionen sind nicht schlau und können zur Verstimmung der einen oder der anderen Seite führen. Den zusätzlichen zweiten Satz an Unterlagen können Sie selbst sehr gut brauchen. Gerade bei der Durchsicht eines Katalogs ist es sehr praktisch, wenn Sie ein eigenes Exemplar vor sich liegen haben.

Nachdem Sie heute ein großes Plenum erwarten, **ist eine vorbereitete Präsentation Pflicht**. Diese haben Sie wie schon besprochen im Idealfall bereits unmittelbar nach dem Zweittermin erstellt. Auch sämtliche für Sie relevanten Informationen haben Sie damals schon in Ihrem CRM-System (Customer-Relation-Management-System) festgehalten. Wenn Sie diese nun vielleicht acht Wochen später wieder zur Hand nehmen, werden Sie ganz schnell wieder mit Ihren Gedanken mitten im Projekt sein. Das ist Effektivität!

Noch ein Tipp:

Drucken Sie sich ein eigenes Handout Ihrer Präsentation aus! Das darf ruhig schlicht, also in Schwarz-Weiß, sein und es verträgt beim Ausdruck sechs Folien auf einer DIN-A4-Seite. So Sie unserer Empfehlung gefolgt sind und die Schriftgröße nicht kleiner als 24 Punkt gewählt haben, können Sie diese auch auf dem Ausdruck noch gut lesen. Dieses Handout legen Sie gut sichtbar vor sich auf den Tisch. Damit haben jetzt auch in der „Hitze des Gefechts" jederzeit die Möglichkeit, immer wieder einen kurzen Blick darauf zu werfen und vorzudenken, was als Nächstes kommt. Das unterstützt Sie dabei, professionellere Übergänge zu schaffen, und vor allem gibt es Ihnen Sicherheit.

Gleich noch eine weitere Empfehlung:

Die Folie mit der Agenda-Struktur könnten Sie auf Ihrem Farbdrucker in der Anzahl der von Ihnen erwarteten Teilnehmerinnen (plus den obligaten zwei zusätzlichen Exemplaren) ausdrucken und vor Beginn der Präsentation austeilen. So haben Ihre Kundinnen immer einen guten Anhaltspunkt, wo Sie gerade stehen, und gleichzeitig eine Unterlage, auf der sie allfällige Fragen oder Notizen vermerken können. Bei großen Projekten zahlt es sich zudem aus, die Punkte der Agenda auf ein großes Flipchart-Blatt zu schreiben und dieses eingerollt mit zur Kundin zu nehmen. Mit einem in Ihrem Verkaufskoffer befindlichen Malerklebeband können Sie das Blatt dann schnell im Meetingraum anbringen. Nachdem ja ab dem Klick auf die nächste Folie die Agenda für Ihre Kundinnen nicht mehr sichtbar ist, schaffen Sie auf diese Weise Ablaufklarheit durch das Flipchart an der Wand.

4.3.2 Kontaktziel

Das Ziel für heute ist sonnenklar: Das Einzige, was zählt, ist das Okay für Ihren Vorschlag. Um dieses zu bekommen:

- müssen Sie möglichst alle Ihre Kundinnen (oder zumindest die meisten, wie schon besprochen) ins Boot holen.
- dürfen Sie diejenigen Kundinnen, die Sie bereits aus dem Erst- und Zweittermin kennen, nicht langweilen, sondern müssen diese gegebenenfalls in Ihren Ablaufplan einweihen – das schafft Verständnis.

- müssen Sie die neu hinzugekommenen Kundinnen für Ihr Projekt gewinnen.

Bei einem größeren Projekt in unserer Branche könnte es durchaus sein, dass sich in der Phase 3 überraschend auch Managerinnen aus benachbarten Exportmärkten für unsere Dienstleistung oder unser Produkt interessieren. Und so kommen plötzlich drei Country-Managerinnen und je eine ihrer Verkaufsleiterinnen dazu. Darüber hinaus erwartet uns unsere Influencerin, die Sie ja schon das ganze Projekt lang begleitet, die Expertin aus dem Zweittermin (in unserem Fall könnte das eine Personalentwicklerin sein) sowie die Geschäftsführerin. Nachdem sich das Projekt derart ausgewachsen hat und es jetzt um ein paar Hunderttausend Euro gehen wird, gesellt sich auch noch die Unternehmenseinkäuferin dazu. Und schon sind wir zehn Personen.

- Jetzt gilt es, die Gruppendynamik zu stimulieren und Ihre Kundinnen zu begeistern.
- Und da Sie ja ganz unterschiedliche Wissensstände im Publikum haben, ist es wieder erforderlich, das Wissen aller Beteiligten zu synchronisieren.

Ihr Hauptziel: Sie wollen heute das Okay zu Ihrem Vorschlag. Das Gremium der Entscheiderinnen soll Sie autorisieren, eine Auftragsbestätigung zu senden, oder es wird vereinbart, dass Sie eine schriftliche Bestellung bekommen.

Ihr Subziel: Sie wollen ein Abnicken und ein grundsätzliches Okay zu Ihrer Lösung. Es braucht allerdings noch ein zusätzliches Einzelgespräch mit einer Einkäuferin oder ein Detailgespräch mit einer Expertin im Unternehmen. Als Profi nutzen Sie die Rahmenbedingungen und vereinbaren sogleich aus dem Termin heraus den notwendigen Zusatztermin.

Ohne despektierlich sein zu wollen – aber wenn Sie in der großen Gruppe bereits ein Abnicken Ihrer Lösung erfahren haben, wird Ihnen das im Nachhinein stattfindende Gespräch mit der Unternehmenseinkäuferin oder der Expertin richtig Spaß machen. Seien Sie allerdings nicht überheblich und halten Sie irgendein Angebot für sie bereit, denn die Einkäuferin wird ausschließlich dafür bezahlt und ist dementsprechend daran interessiert, bessere Lieferkonditionen herauszuschinden.

Tipp:

Halten Sie Ihre Vorbereitungen sowie Ihr Haupt- und Subziel schriftlich fest – und zwar handschriftlich!

4.3.3 Wer sitzt heute am Tisch?

Die Gruppe der Entscheiderinnen in einem Praxisfall aus unserer Welt haben wir im vorherigen Punkt bereits besprochen. Zehn Kundinnen – das ist schon eine feine „Selling to Group"-Situation. Da können Sie richtig brillieren.

Für Sie gilt es jetzt, von der ersten Minute an einen Dialog zu stimulieren.

Seien Sie schon **mindestens 30 Minuten** vor dem eigentlich vereinbarten Treffpunkt vor Ort, damit Sie gelassen starten können. Machen Sie sich mit dem Raum vertraut und bereiten Sie in Ruhe alles vor. Wenn dann die ersten „Gäste" kommen, können Sie entspannt Kontakt aufnehmen, die Menschen kennenlernen, mit denen Sie eventuell noch nicht vertraut sind, und Beziehungen aufbauen.

Brauchen Sie bei einem Gremium von zehn Entscheiderinnen Verstärkung? **Im Zweifelsfall eher nicht**, denn dann kann Ihnen auch niemand hineinpfuschen. **Unterstützung sollten Sie wirklich nur dann in Anspruch nehmen, wenn Sie mit Ihrer Kollegin sehr gut abgestimmt sind.** Falls Sie so etwas planen, sprechen Sie sich im Vorfeld ab, wer von Ihnen beiden welche Gesprächsphasen übernehmen wird. Vereinbaren Sie außerdem, wer die Bordkommandantin sein wird. Übernehmen Sie selbst die Leading-Rolle, dann holen Sie Ihre Kollegin aktiv ins Gespräch herein, wenn Sie deren Unterstützung benötigen – bleiben Sie jedoch auf alle Fälle auch weiterhin die steuernde Person. Vereinbaren Sie außerdem für den Fall, dass Sie eine Frage an die Runde richten oder vielleicht sogar eine Abschlussfrage stellen und Ihre Kundinnen nicht unmittelbar die Antwort geben, dass Ihre Kollegin dann nicht die Antwort darauf gibt oder selbst eine neue Frage oder Aussage in den Raum wirft – das bricht den Entscheidungsdenkprozess bei Ihren Kundinnen ab und kann Sie am Ende des Tages vielleicht sogar Ihren Auftrag kosten.

4.3.3.1 Blickkontakt

„Nicht betrachten heißt nicht beachten." – Wenn Sie einer oder zwei der hinzugekommenen Country-Managerinnen während der gesamten Präsentation (und immerhin verbringen Sie erneut anderthalb oder mehr Stunden miteinander) keine Beachtung schenken, wird bzw. werden diese auf die interne Frage, ob man mit Ihnen zusammenarbeiten möchte, wahrscheinlich mit Nein antworten und das Geschäft kann an dieser Stelle für Sie verloren sein. Betrachten Sie also alle, aber nicht blitzartig, sprich eine Zehntelsekunde pro Teilnehmerin, denn dadurch wirken Sie nervös und unsicher. Starren Sie eine der Anwesenden aber auch nicht zehn Minuten lang an, denn für Menschen, die Sie nicht kennen, kann das sehr unangenehm sein. Als Faustregel bewährt sich ein stabiler Blickkontakt mit einer Person für die Dauer eines ganzen Gedankens (das sind durchschnittlich fünf Sekunden). Danach können Sie getrost den Blickkontakt wechseln. Das wirkt souverän und professionell.

4.3.4 Das Wissen der Kundinnen synchronisieren, Buying Center orchestrieren

Dieser Aspekt wird in einem Abschlussgespräch mit zehn Gesprächspartnerinnen am Tisch oder in der Videokonferenz einer Ihrer zentralen Erfolgshebel werden.

Auch in der heutigen Präsentation haben wir genau dafür ein Kapitel eingebaut: „Was wir alles erfahren haben."

- Sie sollten das sensibel einleiten, damit Sie dadurch niemandem auf den Schlips treten. Sie sagen zum Beispiel: „Lassen Sie uns noch einmal rekapitulieren, was wir im Laufe des Prozesses erfahren haben."
- Hier die richtige Menge an Informationen zu finden kann durchaus herausfordernd sein. Einige Personen im Entscheiderinnen-Gremium kennen Ihre Botschaft ja schon, die neu hinzugekommenen Country-Managerinnen und deren Verkaufsleiterinnen haben allerdings noch keine Ahnung.
- Die Folie „Was Sie alles erfahren haben" sollte daher nicht überladen werden (maximal vier bis sieben Bullets pro Chart verwenden).

Die Schriftgröße sollte auch hier nicht kleiner als 24 Punkt sein. Und bitte: Vermerken Sie nur Stichworte, sonst degradieren Sie sich selbst zur begleitenden Vorleserin.

- Verwenden Sie, abhängig von der Komplexität Ihres Produktes bzw. Ihrer Dienstleistung, nicht mehr als zwei Folien. Ich persönlich verdichte sogar sehr gerne auf lediglich eine. Falls es mehr Redebedarf geben sollte, können Sie sich ja dafür spontan Zeit nehmen.

Diese Intervention war sehr wichtig, denn jetzt ist das Wissen vergemeinschaftet. **Das schafft Klarheit.** Gehen Sie davon aus, dass ausschließlich „klare" Entscheiderinnen-Gremien schnelle und klare Entscheidungen treffen.

4.3.5 Gruppendynamik und Begeisterung

Entfachen Sie Begeisterung für Ihr Produkt bzw. Ihre Dienstleistung. „Wer selbst nicht brennt, kann andere nicht entzünden" – auch das haben wir schon besprochen.

Wie?

- durch eigene Begeisterung
- durch einen logischen Prozess und saubere Visualisierung
- Dialog ab der ersten Minute (auch heute gilt es wieder alle Teilnehmerinnen sofort zu aktivieren)
- Mitgestaltungsmöglichkeit durch permanente Checking-Fragen:
    - Starten Sie gleich nach dem Vorstellen des Ablaufs bzw. der Agenda und werfen Sie die Frage in den Raum: „Passt das für Sie? Ist das für Sie okay?"
    - Checken Sie auch zwischendurch, das regt alle Anwesenden zum Mitdenken und Mitmachen an.

Hier ein paar sehr einfache und bewährte Checking-Formulierungen:

- „Ergibt das für Sie Sinn?"
- „Wenn Sie das sehen – was löst das bei Ihnen konkret aus?"

- „Wie geht es Ihnen damit?“
- „Wie hört sich das für Sie an?“

Als sensible Wahrnehmerin haben Sie möglicherweise bemerkt, dass sich diese Checking-Fragen an unterschiedliche Repräsentationssysteme (Sinneskanäle) Ihrer Kundinnen richten. Wie wir wissen, haben wir ja fünf Sinne, die von Mensch zu Mensch unterschiedlich stark ausgeprägt sind. Die drei, mit denen Sie im Verkauf spielen können, sind

- der visuelle Kanal,
- der auditive Kanal und
- die kinästhetische Ebene.

In Einzelgesprächen können wir meistens schnell herausfinden, welcher Sinneskanal bei unserem Gegenüber besonders stark ausgeprägt ist. Bei einem heterogenen Gremium von zehn Individuen in deren Funktion als Entscheiderinnen geht das nicht mehr. Es gilt daher, in Ihrer Ansprache abwechselnd immer wieder alle erwähnten Kanäle zu adressieren. Das geht verbal so (um nur ein paar Beispiele zu nennen):

- visuell: „Wie sieht es für Sie aus?“
- auditiv: „Wie hört sich das für Sie an?“
- kinästhetisch: „Wie fühlt sich das für Sie an?“

Das Ansprechen unterschiedlich präferierter Sinneskanäle ist **die verkäuferische Champions League**, schon klar. Eine Verkäuferin muss vor allem ihre eigenen präferierten Sinneskanäle kennen, denn das ist die Grundvoraussetzung dafür, diese überhaupt bei anderen Menschen zu bemerken. Dazu gehört eine Portion Selbsterkenntnis. Sollte Sie das tiefer interessieren, schreiben Sie mir einfach ein Mail an tripolt@vbc.at, und wir sprechen darüber, wie man sich diese Kompetenzen rasch und professionell aneignen kann.

Seien Sie also flexibel und halten Sie das Steuerrad trotzdem fest in Ihrer Hand. Das beste Hilfsmittel dafür ist wiederum eine kluge und gut durchdachte Präsentationsstruktur. Und diese lernen Sie nun auch für die Phase 3 kennen.

4.3.6 Die Struktur Ihrer Abschlusspräsentation

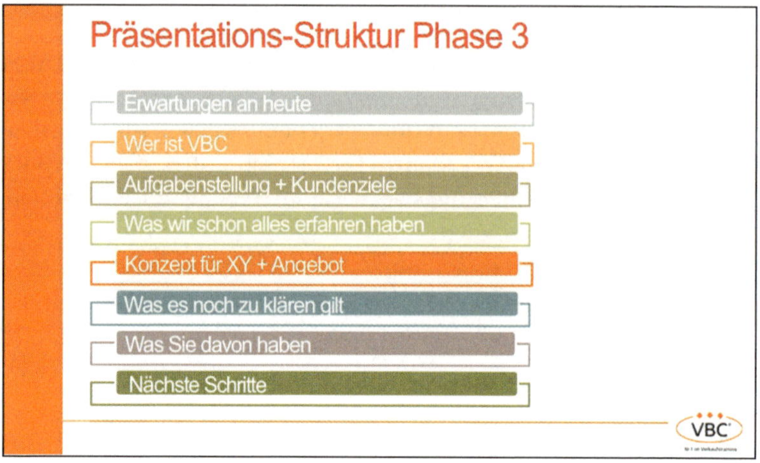

Wer ist VBC?

Milestones

- 1997: Wie alles begann
- 2001: Erstmals klare „Nr. 1 im Verkaufstraining" in Österreich
- 2001: VBC wird Franchisegeber
- 2006: Expansion nach D+CH
- 2009: VBC entwickelt TriStream® (Blended Learning)
- 2022 feiert VBC das 25 Jahre-Jubiläum

200.000 erfolgreiche Teilnehmer
25.000 Trainingstage

115 VBC-Akteure
Partner, Trainer, Tutoren, Produktspezialisten und KoordinatorInnen in D, A, CH

Lernforschung
- Stellhebel Transferwirksamkeit (Teilnehmer, Trainingsdesign, Organisation)
- Kooperation + Lektoren-Tätigkeit an Universitäten/Fachhochschulen.

VBC

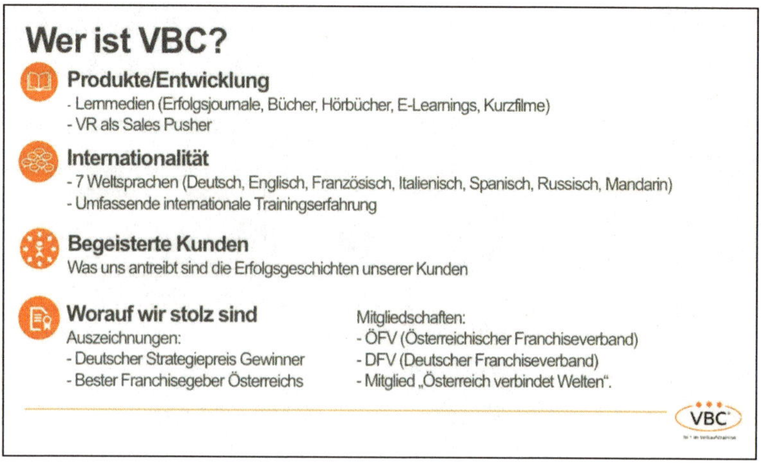
Wer ist VBC?
Produkte/Entwicklung
- Lernmedien (Erfolgsjournale, Bücher, Hörbücher, E-Learnings, Kurzfilme)
- VR als Sales Pusher
Internationalität
- 7 Weltsprachen (Deutsch, Englisch, Französisch, Italienisch, Spanisch, Russisch, Mandarin)
- Umfassende internationale Trainingserfahrung
Begeisterte Kunden
Was uns antreibt sind die Erfolgsgeschichten unserer Kunden
Worauf wir stolz sind
Auszeichnungen:
- Deutscher Strategiepreis Gewinner
- Bester Franchisegeber Österreichs
Mitgliedschaften:
- ÖFV (Österreichischer Franchiseverband)
- DFV (Deutscher Franchiseverband)
- Mitglied „Österreich verbindet Welten".
VBC

Was wir Ihnen bieten
Für Unternehmen
- TriStream® für Unternehmen
- Manufaktur
- Coaching
• P12-Programm für EH, ID, AD, FK Dauer: 12 Monate
• Shop- und Telefoncoaching, AD- und FK-Coaching auch tageweise buchbar
Für Einzelpersonen
- TriStream® (für Einzelteilnehmer)
- Webinar-Akademie
- Neueinsteiger-Akademie
- Events
• Großveranstaltungen
• Project Insight
• Business Frühstück
Specials
Impulsvorträge
Diagnoseworkshop
Firmenpakete
Moderation von Verkaufsmeetings
VR als Sales Pusher
VBC

VBC
Nr. 1 im Verkaufstraining
Warum klassische
Trainings nicht wirken

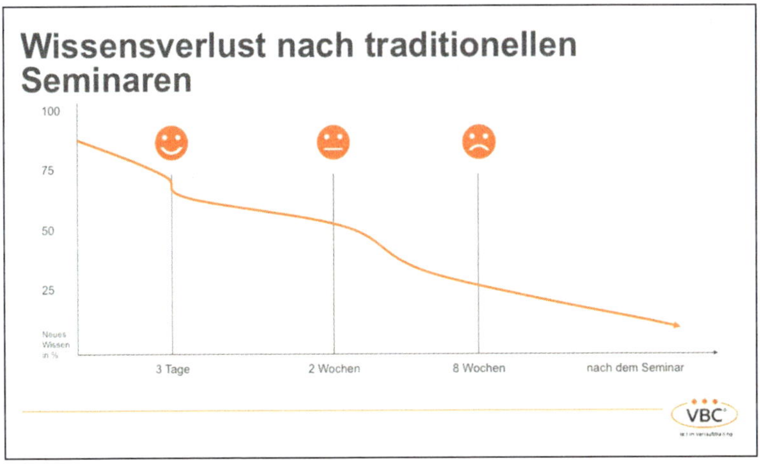
Wissensverlust nach traditionellen Seminaren
100
75
50
25
Neues Wissen in %
3 Tage
2 Wochen
8 Wochen
nach dem Seminar
VBC

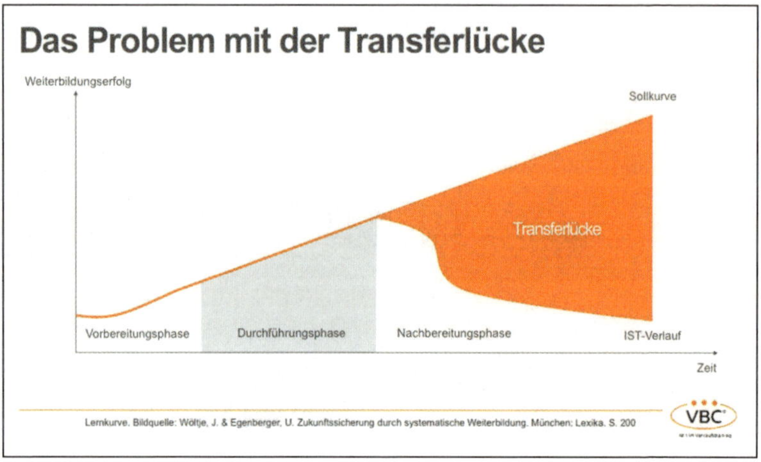
Das Problem mit der Transferlücke
Weiterbildungserfolg
Sollkurve
Transferlücke
Vorbereitungsphase
Durchführungsphase
Nachbereitungsphase
IST-Verlauf
Zeit
Lernkurve. Bildquelle: Wöltje, J. & Egenberger, U. Zukunftssicherung durch systematische Weiterbildung. München: Lexika. S. 200
VBC

VBC
Nr.1 im Verkaufstraining
TriStream®

Aufgabenstellung für VBC + [....]

- [....]
- [....]

VBC

Was wir alles erfahren haben

- [....]
- [....]

VBC

Das VBC-TriStream® Konzept für

- Pinnwand Präsentation
- bzw. Angebotspräsentation

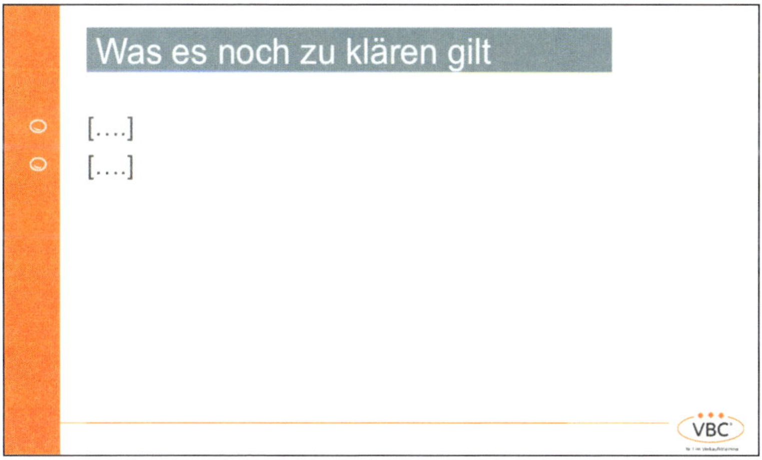
Was es noch zu klären gilt
[....]
[....]
VBC

Was Sie davon haben
[....]
[....]

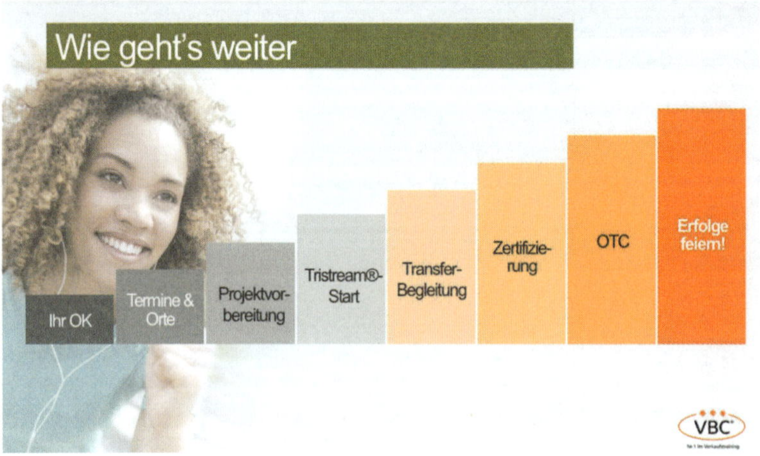

Präsentationsstruktur

1. Erwartungen an heute
2. Wer ist „Ihr Unternehmen“?
3. **Aufgabenstellung und Kundenziele**
4. Was wir alles erfahren haben
5. Konzept bzw. Angebotspräsentation
6. Was es noch zu klären gilt
7. Was Sie davon haben
8. Nächste Schritte

Sie haben vielleicht schon bemerkt, dass wir Verkäuferinnen manchmal auch mit unseren eigenen Regeln an die ein oder andere Grenze stoßen. Ich habe in einem früheren Abschnitt erwähnt, dass eine Folie nicht weniger als vier und nicht mehr als sieben Punkte beinhalten soll. Die oben angeführte Abschlusspräsentation weist allerdings unterhalb der Überschrift insgesamt acht Punkte auf. Falls Ihnen das überladen vorkommt, steht es Ihnen natürlich frei, hier ein wenig zu tricksen, indem Sie beispielsweise die Erwartungsfrage aus der Agenda herausnehmen, sie aber jedenfalls trotzdem stellen. Oder Sie fusionieren zwei Kapitel und fassen zum Beispiel die Punkte 6 und 7„Was es noch zu klären gilt“ und „Was Sie davon haben“ zusammen. Dann verbleiben nur sieben bzw. sogar nur noch sechs Punkte.

Steigen wir ein:

Überschrift

Wenn es einen Projekttitel gibt, ist dieser auch Ihre Agenda-Überschrift. Im Zweifelsfall (Sie erinnern sich) greifen Sie auf die Frage **„Was steckt heute für Sie drin?"** zurück – das passt immer.

1. Erwartungen an heute

   Auch, wenn Sie diesen Punkt vielleicht visuell aus Ihrer Agenda herausgenommen haben – darauf verzichten dürfen Sie auf gar keinen Fall!

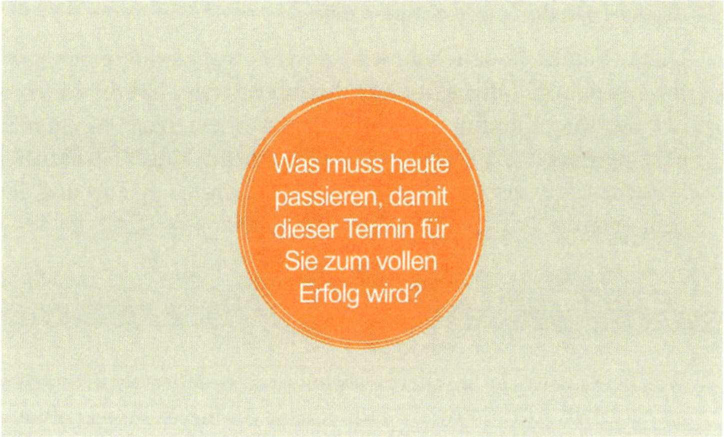

   Lassen Sie den Anwesenden dafür wieder eine Minute Zeit zum Nachdenken und sammeln Sie anschließend die Antworten ein. Genau wie in Phase 2 machen Sie auf diese Weise die Erwartungshaltungen Ihrer Kundinnen sichtbar. Im Präsenztermin schreiben Sie auf einem Flipchart-Blatt mit, und falls ein solches nicht vorhanden sein sollte, zumindest auf Ihrem DIN-A4-Block. In der Videokonferenz haben Sie dafür ein Whiteboard oder ein Blatt in Ihrem OneNote-Notizbuch vorbereitet.

2. Wer ist Ihr Unternehmen?

   Auch hier gilt das Gleiche wie in Phase 2: Wenn in Ihrem Praxisfall (aus welchem Grund auch immer) beim dritten Termin keine zusätzliche Gesprächspartnerin hinzukommt, so verzichten Sie ganz darauf. In unserem Praxisfall werden wir die drei Country-Managerinnen und deren Verkaufsleiterinnen kurz darüber informieren, wer wir sind – und zwar *kurz*, *knapp* und *knackig* („kkk"). Im Zentrum stehen schließlich nicht wir, nicht unser Unternehmen, sondern unsere Kundinnen und der Nutzen, den diese haben werden, wenn der Deal zustande kommt.

Tipp:

Helfen Sie Ihren Kundinnen dabei, selbst bessere Geschäfte zu machen.

3. Aufgabenstellung und Kundenziele

   Dieses Kapitel finde ich äußerst reizvoll, insbesondere dann, wenn Ihr Geschäftsfall mit einer Kaltakquise gestartet hat. In diesem Fall hat Sie Ihre Kundin möglicherweise vor ein paar Wochen oder Monaten noch gar nicht gekannt. Durch Ihr kluges, strukturiertes Vorgehen können Sie jetzt im dritten Termin mit Fug und Recht behaupten:

„Was die Aufgabenstellung und was die Kundenziele waren."

   Welche Stichworte Sie hier unterhalb dieser Überschrift platzieren, ist natürlich zu 100 Prozent individuell von Ihrem Projekt abhängig. Gerne stellen wir Ihnen wiederum ein Beispiel aus unserer eigenen Welt zur Verfügung, und Sie finden am Ende des Kapitels eine beispielhafte Abschlusspräsentation (Phase 3) aus der VBC-Welt.

4. Was wir alles erfahren haben

   Wie Sie hier vorgehen sollen, wissen Sie ja schon – und zwar genau gleich wie in Phase 2. Achten Sie jedoch bitte darauf, die nötige Balance zu finden, indem Sie einerseits Ihre Kundinnen auf die Ja-Straße holen und diese andererseits keinesfalls langweilen.

5. Konzept bzw. Angebotspräsentation

   Hier sind wir wieder bei Ihrer „Showtime" angelangt. Nun gilt es zu begeistern, nun gilt es zu überzeugen. Je nach Situation und Branche braucht es dafür natürlich unterschiedliche Zugänge.

- Ist Ihr Produkt vorführbar, dann tun Sie das jetzt. Beeindrucken Sie mit Ihren Alleinstellungsmerkmalen – allerdings nur dann, wenn diese Relevanz im Kopf Ihrer Kundinnen haben (diesen Punkt haben Sie in der Bedarfserhebung ja schon längst geklärt).
- Sie verkaufen große Maschinen oder Industrieanlagen und präsentieren vor Ort in den Räumlichkeiten bei Ihren Kundinnen? Dort funktioniert das Vorführen leider nicht. Stattdessen wirkt zum Beispiel ein sehr gut gemachtes, kurzes Erklärvideo oder Sie entwickeln die Produktelösung vor und gemeinsam mit Ihren Kundinnen mit Filzstift auf Flipchart- oder Pinn-Papier. Das ist großes Kino und wirkungsvolle Kunst. Bitte bereiten Sie diese Sequenz unbedingt schon im Vorhinein genau vor – spontan geht das leider sehr oft schief.

Tipp:

Scribbeln Sie mit Bleistift Ihr „Spontanflip“ oder das Pinn-Blatt vor.

Dies ist ein hervorragendes und äußerst bewährtes Hilfsmittel für genau solche Situationen. Wenn Sie mit dem Bleistift nicht allzu fest aufdrücken, ist Ihr Scribble-Strich ab einer Entfernung von eineinhalb, zwei Metern für Ihre Kundinnen nicht mehr zu erkennen. Auf diese Weise können Sie schon in der Vorbereitung die Raumplanung auf dem Papier vornehmen und den Ablauf Ihrer „Spontanzeichnung“ perfekt vorbereiten. Bei komplexen Skizzen oder Zeichnungen kann es außerdem von Vorteil sein, diese zum Teil mithilfe eines Filzstiftes vorzubereiten. So können Sie beispielsweise die Ablaufprozesse in Strukturkästchen, die Sie später miteinander verbinden, bereits vormalen, um dann live vor Ihren Kundinnen nur noch die Beschreibung zu ergänzen, wofür die einzelnen Kästchen stehen. Sehr hilfreich beim Visualisieren auf großen analogen Medien ist die 2-Schritt-Bildtechnik, die Sie ja schon im Kapitel 4.2.10 bei den „Tipps für Flips“ kennengelernt haben.

Genau das Gleiche empfehle ich Ihnen, wenn Sie komplexe Dienstleistungen verkaufen. Üben Sie sich darin, eine Meisterin im Pencil Selling zu werden. Mit keiner anderen Technik gelingt es Ihnen besser, für die Kundin gut verständlich Bilder in deren Kopf zu verankern.

Nur klare Kundinnenköpfe kaufen.

In manchen Situationen kann es vielleicht sogar reichen, wenn Sie Ihr erstelltes Angebot nun in Printform übergeben. Bitte haben Sie zu diesem Zweck genügend Exemplare für Ihre Kundinnen dabei und „führen" Sie jetzt akustisch durch Ihr Angebot.

Was meine ich damit? *Nachdem Sie Ihr Angebot ausgeteilt haben, nehmen Sie Ihr eigenes Exemplar zur Hand und starten Sie zum Beispiel so: „Bitte blättern Sie jetzt auf Seite 2, dort finden Sie in Form eines Management Summary einen guten Überblick über das gesamte Projekt. Es besteht aus a, b, c usw. Wenn wir jetzt umblättern ..." – warten Sie, bis das alle getan haben (das ist akustisches Führen) – „... dann finden Sie das Inhaltsverzeichnis, das insgesamt 7 Punkte umfasst."*

Und so könnte es dann weitergehen: „Sie haben mir zu Beginn unseres heutigen Gesprächs mitgeteilt, dass Ihnen insbesondere daran liegt, am heutigen Tag die Voraussetzungen für die Inbetriebnahme zu klären. Diesen Punkt finden Sie auf Seite 12. Bitte schlagen Sie nun Seite 12 auf." (akustisch führen)

Ich denke, Sie haben verstanden, was ich hiermit meine. Mit dieser Vorgehensweise wird es Ihnen gelingen, die Aufmerksamkeit aller Ihrer Kundinnen strukturiert auf die gleichen Punkte zu lenken. Tun Sie das nämlich nicht, wird eine Ihrer Kundinnen auf Seite 2 schauen, die andere sich in den Bereich der Materialbeschreibung auf Seite 6 vertiefen und die dritte bereits bei der Investitionssumme oder beim Kleingedruckten angelangt sein. Sie würden so Ihre Leading-Rolle völlig aus der Hand geben. Also überlegen und planen Sie ganz genau, wie Sie in dieser Präsentationsphase vorgehen werden. Es ist *Ihre* Showtime. Eine Schauspielerin würde ihre Theaterpremiere *niemals* ohne viele, viele, viele Proben machen. Tun Sie das auch nicht!

6. Was es noch zu klären gilt

Hier hinein gehören alle Stichpunkte, die noch einer Klärung bedürfen, um ein endgültiges Go vonseiten Ihrer Kundin zu erhalten. Eigentlich sind diese Stichpunkte Gedankenstützen für Sie, Ihre Miniabschlussfragen. In unserer Welt könnten das die folgenden Stichpunkte sein:

- „Start wann?“ ... Das reicht schon als Text auf der Folie. Den Verbalkommentar liefern Sie selbst dazu, wie z. B.: „Wann genau soll die Trainingsmaßnahme starten?“
- „Beste Tage“ … „Welche Wochentage sind für diese Trainingsmaßnahme Ihrerseits am besten geeignet?“
- „Teilnehmerdaten“ ... „Von wem aus Ihrem Haus bekommen wir die Koordinaten Ihrer Teilnehmerinnen?“
- „Orte“ ... „Wo sollen die unterschiedlichen Schulungen denn geografisch stattfinden?“

Haben Sie nun ein Gefühl dafür bekommen, welche Stichpunkte Sie in Ihrem eigenen Praxisfall notieren sollen?

Das ist eine großartige Technik, denn wenn Sie nun hierauf klare Antworten bekommen, haben Sie Ihr Produkt bzw. Ihre Dienstleistung bereits verkauft, ohne überhaupt noch gefragt zu haben, ob Sie und Ihre Kundinnen sich einig sind. Sie schließen also über sogenannte „Peripherie-Fragen“ Ihr Hauptprodukt ab – eine geniale Sache!

Zum noch besseren Verständnis bringe ich Ihnen im Folgenden ein Beispiel aus einer ganz anderen Welt. Nehmen wir die Autobranche, denn diese kennt wahrscheinlich so gut wie jeder.

Beispiel

Eine passionierte Reiterin interessiert sich für ein großes, schweres und leistungsstarkes Fahrzeug, immerhin gilt es ja, ihr 500 kg schweres Pferd samt Anhänger zu schleppen. Ihr Interesse gilt einem VW-Bus T6. Ihre – erwartungsgemäß exzellente – Verkäuferin stellt folgende Peripherie-Abschlussfrage: „Sollen wir die Anhängerkupplung werkseitig gleich mitbestellen, sodass sie bei der Fahrzeugauslieferung bereits fix montiert ist?“

Was für eine geniale Abschlussfrage – das Auto kommt ja automatisch mit!

Wir Verkäuferinnen tun uns erfahrungsgemäß bei Weitem viel leichter, eine Abschlussfrage zu einem Wert von 790 Euro zu stellen, als nach dem Verkaufsabschluss für einen 82.000 Euro teuren T6 zu fragen. Auch unsere Kundin tut sich unglaublich viel leichter, diese „Minientscheidung“ zu treffen. Und am Ende ist der Abschluss gelungen!

7. Was Sie davon haben

   Aus meiner Erfahrung braucht man die Punkte auf dieser Folie meist gar nicht mehr vorzutragen, denn in aller Regel ist es Ihnen schon davor gelungen, die Kundinnen für Ihr Produkt bzw. Ihre Dienstleistung zu begeistern. In diesem Fall übergehen Sie diese Folie und machen gleich mit den „nächsten Schritten“ weiter.

   Bevor Sie das allerdings tun, noch ein Hinweis: Überdenken Sie auf jeden Fall die Punkte von Folie 7 im Vorfeld und seien Sie damit auch vorbereitet. Manchmal werden Ihre Kundinnen Sie bitten, ihnen die Präsentation zu senden. Da Sie in diesem Fall dann nicht wissen können, in welche Hände Ihre Präsentation gelangen wird, kann es jedenfalls nur gut sein, wenn Sie die Vorteile in Kapitel 7 entsprechend sichtbar gemacht haben.

8. Nächste Schritte

   Hier haben Sie nun noch einmal eine neue Chance, Abschlussfragen zu stellen, wenn das im Kapitel 6 „Was es noch zu klären gilt“ noch nicht endgültig gelungen sein sollte, wie zum Beispiel:

   - „Passt das jetzt so für Sie? Dürfen wir Ihnen das alles schriftlich bestätigen?“
   - „Passt das alles so für Sie? Wollen Sie dafür eine Systembestellung auslösen?“
   - „Wann genau soll die Lieferung erfolgen?“ (Peripherie-Abschluss)
   - „Wohin genau soll die Lieferung erfolgen?“
   - „Wer ist für den Trainings-Rollout unsere konkrete Ansprechpartnerin?“

Sie sehen schon – alles Fragen, um Ihren Abschluss zu konkretisieren und damit zu finalisieren, denn deshalb sind wir ja da.

4.3.7 Die Auftragsbestätigung

Formal bräuchte es diese schriftliche Bestätigung eigentlich gar nicht, da zwischen Vollkaufleuten eine mündlich getroffene Vereinbarung reichen würde. Sie merken schon, ich spreche im Konjunktiv, denn im Geschäftsleben gehört Schriftlichkeit zu Ihrer Professionalität dazu.

Die Antwort auf die Frage, ob Sie Auftragsbestätigungen mit oder ohne Unterschriftsfeld für Ihre Kundinnen verwenden wollen, überlassen wir gerne Ihnen. Unsere Haltung dazu lautet jedenfalls, an dieser Stelle keine zusätzliche Hürde für Ihre Kundinnen zu bauen. Immerhin haben Sie an den diversen Kontaktpunkten unterschiedliche Akteurinnen Ihrer Kundin gut kennengelernt und am Ende des Prozesses ein Okay für Ihren Vorschlag erhalten. Uns genügt das völlig, um dies in einer Auftragsbestätigung schriftlich festzumachen. In B2C-Geschäften steht den Kundinnen laut Konsumentenschutzgesetz ein 14-Tage-Widerrufsrecht zu, im B2B-Geschäft sind es sieben Tage. Erfolgt also vonseiten Ihrer Kundin innerhalb dieses Zeitraums kein Widerspruch, ist die Auftragsbestätigung rechtsgültig.

Ausnahmen machen wir allerdings sehr wohl im Falle von großen Aufträgen (in unserem Geschäft sind das Aufträge, die einen Wert von 300.000 Euro übersteigen) oder im Falle von Kundinnen, bei denen wir das Gefühl haben, dass es nicht ganz sicher ist, ob unsere Hauptansprechperson beim nächsten Kontakt noch ihre Position innerhalb des Unternehmens bekleiden wird. Eine weitere Ausnahme machen wir auch für den Fall, dass es starke Indizien dafür gibt, dass unsere potenzielle Kundin Bonitätsprobleme hat.

Wie gesagt, rechtlich ist das allerdings nicht notwendig.

4.3.7.1 Purchase-Order-Nummern (PO-Nummern) oder Ähnliches

Große Firmen haben zumeist ein SAP- oder ein anderes ERP-System, möglicherweise auch spezielle Einkaufsbedingungen (darüber haben wir in Phase 2 schon gesprochen). Ich kann gerade ein Lied davon singen, haben wir doch aktuell bei einer österreichischen Großbank einen großen Trainingsauftrag abgeschlossen. Wir mussten dafür seitenlange Onlinefragebögen ausfüllen sowie Compliance-Richtlinien und Diversity-Bestimmungen sichtbar machen. Es war supermühsam, hat aber in unserer Organisation durchaus etwas ausgelöst. Wenn wichtige Großunternehmen beginnen, ihre Lieferantinnen nach diesen Kriterien „abzuklopfen", dann kann man das nur unterstützen. Dabei kann es auch um Dinge gehen, wie weit Lieferantinnen die SDG-Richtlinien (Sustainable Development Goals), die Nachhaltigkeitsziele der UNO einhalten oder leben. Die SDG-Kriterien beinhalten unter anderem die Bekämpfung von Armut und Hunger, die Schaffung von Geschlechtergleichheit, den Zugang zu sauberem Wasser, Maßnahmen zum Klimaschutz usw. Wenn große Auftraggeberinnen beginnen, diese Dinge von ihren Lieferantinnen einzufordern, dann – und erst dann – wird sich in unserem Wirtschaftsleben nachhaltig etwas verändern. Und das ist gut so. Gerade, was den Klimawandel angeht, ist es bereits drei Minuten nach zwölf!

Übrigens sind die AGB bzw. die Lieferbedingungen Ihrer großen Kundinnen vermutlich nicht lieferantinnenfreundlich formuliert. Wenn Sie die Lieferbedingungen von großen Unternehmen lesen, dürften Sie als ordentliche Kauffrau eigentlich gewisse Aufträge gar nicht erst annehmen. Das kann bei der willkürlichen Festlegung unverhältnismäßig langer Zahlungsziele von 90 Tagen oder mehr beginnen und bis zu existenzbedrohenden Gewährleistungsansprüchen reichen. Ich kenne Ihre Lieferantinnengeschäftsbedingungen nicht, aber in vielen Fällen müssen wir diese Bedingungen einfach „fressen" und darauf bauen, dass alles gutgeht. Zur Schonung der eigenen Psychohygiene ist es vielleicht manchmal sogar besser, das Kleingedruckte gar nicht zu lesen ;-), ähnlich wie bei den kleingedruckten Zusatzvereinbarungen Ihrer Hausbank, die Sie für Ihr Geschäftskonto oder für Ihre Immobilienfinanzierung unterschreiben müssen. Denn würden Sie das lesen, würden Sie das Geld, das Ihnen diese Bank für Ihr Projekt leihen möchte, wahrscheinlich gar nicht mehr wollen.

4.3.8 Das ideale Timing beim dritten Gespräch

Der Vollständigkeit halber finden Sie auch hier wiederum den Zeitstrahl eines erfolgreichen Drittgesprächs, der sich vom 2. Termin nicht unterscheidet.

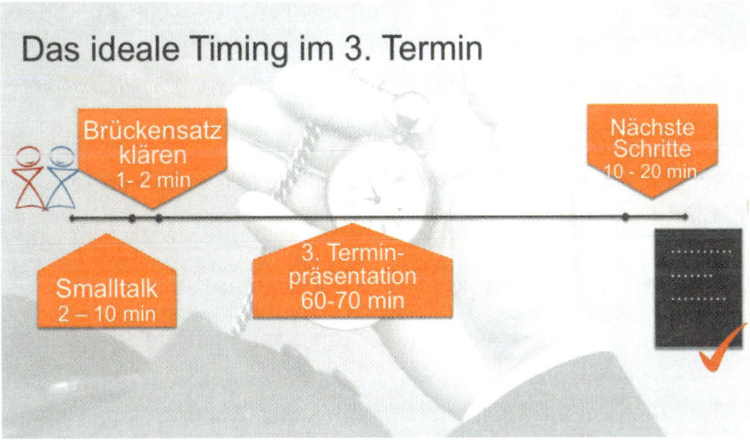

4.3.9 Umgang mit Fragen

Kehren wir noch einmal zurück in unsere Gesprächs- bzw. Präsentationssituation. Dass unsere Fragen an die Kundinnen ein richtiger Verkaufsturbo sind, haben wir bereits dargelegt. Wie sieht es allerdings umgekehrt mit Fragen aus, welche die Kundin an uns richtet? Bieten uns solche Fragen eine Steuerhilfe oder sind sie als gegen uns gerichtete Torpedos zu bewerten?

Ganz unter uns gesprochen: Wenn ich wählen darf, sind mir persönlich meine Fragen an die Kundin viel lieber als umgekehrt – denn damit halte ich selbst das Steuerrad in der Hand und kann das Gespräch mit meinen eigenen Fragen lenken.

Trotzdem eröffnen uns Fragen vonseiten der Kundinnen auch Chancen. Wir können durch sie etwaige Missverständnisse aufklären, die ohne sie gar nicht aufgetaucht wären. Außerdem bieten uns kritische Fragen auch stets die Möglichkeit, potenzielle Einwände auszuräumen, die andernfalls still in den Köpfen der Kundinnen verblieben wären. Mit etwas, das geäußert wurde, können wir umgehen. Mit etwas, das unausgesprochen im Kopf der Kundinnen herumschwirrt, jedoch nicht!

Hier die wichtigsten Regeln für Sie:

- Hören Sie aktiv zu! Dieses hochwirksame Kommunikationsinstrument, das der US-amerikanische Psychotherapeut Carl Rogers entwickelt und beschrieben hat, hilft uns bei Fragen von Kundinnen sehr.

- Nehmen Sie mit Ihrer Kundin Blickkontakt auf!
- Nicken Sie, wenn Ihre Kundin Sie etwas fragt, und wiederholen Sie dann die Frage, nach Möglichkeit mit eigenen Worten. Im Kopf Ihrer Kundin ist jetzt klar: Sie haben sie verstanden.

Zu diesem letzten Punkt gleich ein Beispiel:

Die Kundin fragt Sie: „Welche Effekte kann man mit Personalentwicklung und Training erzielen?"

Sie hören zu, nicken, lassen sich ein, zwei Sekunden Zeit, bevor Sie die Frage wiederholen. „Sie möchten gerne wissen, wie gut Personalentwicklung und Ausbildung wirken?"

Jetzt bekommen Sie wie das Amen im Gebet ein zustimmendes Nicken von Ihrer Kundin. Sie haben einander verstanden! Außerdem haben Sie auf diese Weise etwas Zeit gewonnen, die Sie möglicherweise benötigen, um darüber nachzudenken, welche Antwort jetzt am besten passt.

In Selling-to-Group-Situationen geben Sie möglichst knappe Antworten. Aber Achtung – das ist durchaus eine Kunst. Wenn Sie eine „Vielfragerin" unter Ihren Kundinnen haben, empfehlen wir Ihnen, aktiv zuzuhören und die Fragen wie gezeigt entgegenzunehmen (diese also zu wiederholen). Ihre Antwort richten Sie allerdings daraufhin nicht einzig und allein an die Vielfragerin, sondern mit Blickkontakt auch an alle anderen Gesprächspartnerinnen am Tisch. Sobald Sie dann mit Ihrer Antwort fertig sind, wenden Sie sich wieder der Vielfragerin zu und prüfen, ob diese mit Ihrer Antwort zufrieden ist. Das ist ein wunderbares Instrument, damit Ihre Aufmerksamkeit – auch wenn Sie eine Vielfragerin im Gremium sitzen haben – dennoch bei der gesamten Gruppe bleibt.

Manchmal muss man jedoch auch einmal „Stopp" sagen und Fragen zurückstellen. Entweder weil es durch allzu viele Fragen unmöglich wird, den vereinbarten Zeitrahmen einzuhalten – und Sie brauchen die Entscheiderinnen bis zum Finale am Tisch –, oder weil Sie (aus welchem Grund auch immer) im Moment keine passende Antwort geben können. Zeigen Sie in diesem Fall der Kundin Ihre Wertschätzung dadurch, dass Sie sich die Frage notieren und deren Beantwortung auf einen späteren Zeitpunkt vertagen. Damit signalisieren Sie, dass die Frage für Sie Wichtigkeit hat, und Ihre Kundin wird sich mit dem Vertrösten auf später zufriedengeben.

Manche Verkäuferinnen erleben im Rahmen ihrer Tätigkeit folgendes Phänomen: Sie sind mit den Phasen Bedarfserhebung und Präsentation durch und wollen jetzt den Abschluss einläuten, doch plötzlich beginnen ihre Kundinnen damit, Fragen zu stellen – *sehr viele* Fragen.

Wer fragt, führt. Doch wenn Ihre Kundinnen dazu übergehen, sind das in diesem Fall leider nicht mehr Sie. Da Sie ein soziales Wesen sind, beantworten Sie natürlich bereitwillig sämtliche Fragen und kommen auf diese Weise plötzlich vom Hundertsten ins Tausendste – und die Aussicht auf einen positiven Verkaufsabschluss rückt in weite Ferne. Falls auch Sie dieses Phänomen kennen sollten, haben wir dafür eine bewährte Lösung: Notieren Sie sich bitte alle diese Fragen, die da auf Sie zukommen, immer wieder, also bei jedem Gespräch.

Wenn Sie sich dann nach einiger Zeit Ihre Sammlung anschauen, werden Sie feststellen, dass Sie die allermeisten, vielleicht sogar alle Themen, die sich in diesen Fragen verbergen, künftig selbst in Ihre Bedarfserhebung einbauen können. Das ist ein Riesenplus, denn es sind ja offensichtlich Themen, die Ihren Kundinnen durch den Kopf gehen, bevor sie sich für Ihr Produkt bzw. Ihre Dienstleistung entscheiden. Es ist somit viel klüger, alle diese Punkte schon im Rahmen der Bedarfserhebung, ausgelöst durch kluge Fragen, von Ihnen geklärt zu wissen, als wenn Sie am Ende eines Verkaufsgesprächs dieses aus der Hand geben. Ergibt das für Sie Sinn?

4.3.10 Man wirkt immer, Frau auch

Jeder Mensch, der einem anderen Menschen zum ersten Mal begegnet, bildet sich innerhalb von wenigen Sekunden des Betrachtens einen Eindruck. Den Satz „Sie haben niemals eine zweite Chance, um einen guten ersten Eindruck zu hinterlassen“ haben Sie sicherlich schon oft gehört. So sind wir Menschen. Wenn wir uns erst einmal ein Bild von jemandem gemacht haben, dann revidieren wir das nur schwer.

Es ist also immens wichtig, sich seiner eigenen Wirkung auf andere bewusst zu sein. Insbesondere als erfolgreiche Verkäuferin komplexer Produkte und Dienstleistungen stehen Sie auf der Bühne und haben Großes vor. Irritationen der Gesprächspartnerinnen durch einen unprofessionellen Eindruck sollen dabei nicht entstehen.

Denken Sie an Ihren Kleidungsstil, welcher der Situation und dem Umfeld Ihrer Kundinnen angepasst sein soll. Im Zweifelsfall ist im Businesskontext ein wenig „overdressed" immer besser als „underdressed" (im Unterschied zu einer Privatparty). Achten Sie auch auf Ihre Körpersprache, auf Ihre Körperspannung. Wer unsicher ist, strahlt dies entsprechend aus; wer positiv eingestimmt ist, strahlt Zuversicht aus.

Übrigens mögen wir Menschen andere Menschen, die uns ähnlich sind. Dass sich Gegensätze anziehen, ist – zumindest, was den Erstkontakt betrifft – ein Irrglaube!

Hier ein paar Tipps, um insbesondere bei Präsentationssituationen und unserem mehrstufigen Verkaufsprozess professionell zu wirken:

- Haben Sie mehr als drei Gesprächspartnerinnen am Tisch und verwenden Sie eine Datenpräsentation oder haben einen Monitor/Screen für Ihre Folien, statt lediglich Ihr Notebook als Präsentationsmedium. Stehen Sie als Präsentatorin auf, mit festem Stand, die Füße hüftbreit aufgestellt.
- Halten Sie Ihre Hände im aktiven Bereich, d. h. oberhalb Ihrer Gürtellinie.
- Halten Sie im Sitzen Ihre Hände stets sichtbar über dem Tisch – schließlich haben Sie ja nichts zu verbergen.
- Über das Thema „Blickkontakt" haben wir schon gesprochen. Denken Sie immer daran: Wenn Sie eine Person nicht betrachten, fühlt sich diese auch nicht von Ihnen beachtet.
- Positionieren Sie sich, während Sie Textfolien zeigen, aus der Sicht der Kundin betrachtet immer links vom Bild. Von dort können Sie Ihre Innenhand, also ihre linke Hand, auf die Zeile legen, um die es gerade geht. Bewegung steht für Text, daher werden nun alle Kundinnen aufgrund Ihrer Bewegung auch auf die richtige Zeile achten. Dann drehen Sie sich zu Ihren Kundinnen und erklären, was

Sie diesbezüglich sagen wollen. (Falls Sie sich fragen sollten, warum das so ist: Da wir in unserem Sprachraum von links nach rechts schreiben, führen Sie die Blicke Ihrer Kundinnen in Ihrer gewohnten „Leserichtung".)

Tipp:

Links vom Bild ist immer richtig.

4.3.11 Abschlusskompetenz und Aufträge richtig feiern

Dieses Buch ist kein „Verkaufsabschlusstechnik-Buch". Es geht hier vielmehr um den erfolgreichen mehrstufigen Prozess beim Verkauf von komplexen Produkten und Dienstleistungen – wie Sie das alles aufsetzen, orchestrieren und Ihr Buying Center steuern. Trotzdem gehört Abschlusskompetenz für einen Profi wie Sie einfach dazu. Weil diese Abschlusssequenz so spannend ist, habe ich diesem Thema ein ganzes Buch gewidmet: „Die glorreichen 7 Abschlusstechniken", das 2021 als überarbeitete dritte Auflage im MANZ-Verlag erschienen ist. Da Verkaufen – *exzellentes* Verkaufen – kein Glücksspiel ist, finden Sie darin sieben Techniken, die Schritt für Schritt erklärt werden und mit vielen Praxisbeispielen unterlegt sind, wie Sie Ihrer Kundin zur richtigen Kaufentscheidung verhelfen.

Zwei Abschluss-Erfolgsfaktoren möchte ich Ihnen aber auch in diesem Buch nicht vorenthalten: Auch, wenn es im Allgemeinen als nicht sehr höflich angesehen wird – antworten Sie in der Abschlussphase auf Fragen Ihrer Kundin immer mit Gegenfragen. Damit kommen Sie aus der Reaktion wiederum in die Aktion und laden Ihre Kundin dazu ein, Entscheidungen zu treffen.

Hier gleich ein Beispiel eines Kaufsignals Ihrer Kundin und die Antwort einer klassischen Verkäuferin:

Kundin: „Sagen Sie: Wenn ich mich für diesen Einbauschrank entscheide – wie schnell könnten Sie liefern?"

Die klassische Verkäuferin: „Sie haben Glück – in unserer Produktion sind gerade Kapazitäten frei. Rechnen Sie bitte mit ca. drei Wochen Lieferzeit."

Kundin: „Drei Wochen Lieferzeit, das geht wirklich rasch." Dann wendet sich die Kundin an ihren Mann und sagt: „Liebling, da haben wir ja noch alle Zeit der Welt." Sie dreht sich wieder zur Verkäuferin und sagt: „Darf ich Sie bitten, uns darüber ein detailliertes Angebot zu schreiben – wir melden uns dann verlässlich bei Ihnen."

Was ist hier passiert?

Die Kundin signalisiert durch ihre Frage ein massives Kaufinteresse. Unsere klassische Verkäuferin versucht, mit aus ihrer Sicht sinnvollen Antworten weiterzukommen. Eine redliche Methode – nur leider, wie wir sehen konnten, nicht erfolgreich.

Wir ändern nun unsere Strategie anhand desselben Beispiels:

Kundin: „Sagen Sie: Wenn ich mich für diesen Einbauschrank entscheide – wie schnell könnten Sie liefern?"

Exzellente Verkäuferin: „Na, wann wollen Sie denn diesen Schrank fix und fertig montiert in Ihrer Wohnung stehen haben?"

Kundin: „Optimal wäre Anfang September."

Verkäuferin: „Das heißt, wenn wir es schaffen, Ihren Schrank fix und fertig bis Anfang September in Ihrer Wohnung zu montieren, dann sind wir uns einig?"

Was hat diese Verkäuferin jetzt anders gemacht?

Sie hat die Signalfrage ihrer Kundin mit einer Gegenfrage beantwortet. Profiverkäuferinnen verhelfen ihren Kundinnen zur richtigen Entscheidung. Durch geschicktes Nachfragen lenken sie den Denkprozess im Kopf der Kundinnen in die entsprechende Richtung.

Und nun zum versprochenen zweiten Erfolgsfaktor in der Abschlussphase:

Wie wir gesehen haben, bedeutet eine erfolgreiche Abschlusstechnik im Grunde genommen, gute Fragen stellen zu können – und zwar Abschlussfragen! Die Höflichkeit im Gespräch gebietet, in jedem Fall nach jeder Frage ruhig zu sein und die Antwort der Gesprächspartnerin abzuwarten, um so in einen guten Dialog zu treten.

In der Abschlussphase ist Folgendes *der* Erfolgsfaktor:

Halt's Maul!

Das ist Ihr ultimativer Erfolgsgarant, den Sie nach jeder Frage beachten müssen. Den Sie besonders nach jeder Abschlussfrage beachten müssen. Unbedingt und immer!

4.3.11.1 Erfolgsgarantie

Sie fragen und sind dann ruhig. Jetzt trifft Ihre Kundin eine Entscheidung. Ist alles richtig gelaufen, werden Sie nun das Okay für Ihr Produkt bzw. Ihre Dienstleistung bekommen. Im schlechtesten aller Fälle sagt sie Nein, aber auch das ist eine Entscheidung, mit der Sie weiterarbeiten können. „Nein" bedeutet nämlich in dieser Phase:

N – och

E – ine

I – nformation

N – otwendig

Jetzt gilt es herauszufinden, welche Information Ihrer Kundin denn noch fehlt. Gelingt es Ihnen, diese auf den Tisch zu legen, sind Sie wieder im Rennen.

4.3.11.2 Erfolge feiern

Lernen Sie, Ihren Erfolg zu feiern, wann immer Ihnen ein guter Abschluss gelungen ist, oder belohnen Sie sich dafür. Gönnen Sie sich selbst je nach Auftragsgröße ein schönes Buch, eine neue Uhr oder ein traumhaftes Abendessen mit Ihrem oder Ihrer Liebsten. Auf diese Weise verankern Sie Ihre Erfolge, und dieses Erfolge-Ankern können Sie auch noch ausweiten. Halten Sie Ihre Verkaufserfolge schriftlich fest. Organisieren Sie sich zu diesem Zweck ein hochwertiges Tagebuch, das Sie zu Ihrem „Abschluss-Erfolgsjournal" machen. Mehr dazu finden Sie in Kapitel 1.1.1.

4.3.12 Mehrere Bälle in der Luft halten

Wie ich Ihnen bereits ganz am Anfang des Buches erzählt habe, schreibe ich diese Kapitel gerade mitten in der Pandemie im April 2021, während des vierten harten Lockdowns in Ostösterreich.

Wenn Sie nicht zufälligerweise zu den Krisengewinnerinnen dieser Pandemie zählen, wie dies z. B. in der Baubranche oder bei den meisten Pharmaunternehmen der Fall ist, benötigen Sie zwei Fähigkeiten, mit denen Sie es schaffen können, auch in solchen Zeiten Ihre Konjunktur selbst zu gestalten:

1. Frequenz steigern

   Wie wir schon besprochen haben, können Herausforderungen durchaus zum Frequenzturbo werden. Wenn man beispielsweise Unmengen Zeit einspart, weil man eben nicht an einem Flughafen oder Bahnhof oder in einem Auto herumsitzt. Zeit, die wir super nutzen können, um unsere Kundinnen dort zu erreichen, wo wir sie brauchen: In ihren Herzen. Dazu brauchen wir nicht vor Ort zu sein – wie wir in den letzten Monaten gesehen haben, lässt sich eine menschliche Verbindung auch online herstellen.

2. Dialogqualität

   Aber allein die Frequenz zu steigern und dann ein Verkaufsprojekt nach dem anderen zu verlieren ist keine gute Strategie. Parallel zu vielen guten Gesprächen/Kontakten ist selbstverständlich auch eine **exzellente Dialogfähigkeit** notwendig. Wertvolle Impulse entnehmen Sie dazu ebenfalls diesem Buch.

3. Conversion-Rate monitoren

   Beobachten Sie, aus wie vielen Ersterminen es Ihnen gelingt, ein sogenanntes „Projekt" auszulosen, also einen Zweittermin mit Ihrer Gesprächspartnerin und einer Entscheiderin in die Wege zu leiten. Gelingt Ihnen das, können Sie durchaus schon von „Projekt" sprechen. Jetzt ist es natürlich spannend, zu beobachten, aus wie vielen Projekten Angebote entstehen und aus wie vielen Angeboten Sie Aufträge generieren. Mit diesen Verhältniszahlen können Sie Ihre eigene Konjunktur steuern.

Ist es nicht ein schönes Gefühl, einen Beruf ausüben zu dürfen, in dem Sie mit nur ganz wenig Fremdbestimmung konfrontiert sind?

4.3.12.1 Mehrere Projekte gleichzeitig professionell managen

Darum habe ich dieses Kapitel „Mehrere Bälle in der Luft halten" genannt. Stellen Sie sich vor, jedes Ihrer Projekte wäre ein Ball, und Sie begleiten jedes Ihrer Projekte bis zur Entscheidung, also, bis Sie ein definitives Go von Ihrer Kundin in der Tasche haben – oder eben ein Nein. Auch Letzteres ist für Spitzenverkäuferinnen lehrreich, wenn sie diese Chance zur Reflexion nutzen.

Wenn Sie es schaffen möchten, mehrere Projekte parallel zu begleiten, brauchen Sie in erster Linie eine gute Projekt- und Terminübersicht, eine eigene gute Zeitplanung und vor allem nach jedem Kontakt fest vereinbarte, am besten schon fix festgelegte Punkte, wie es in diesem Projekt dann weitergehen wird. Sie haben damit eine wasserdichte Wiedervorlage.

Manche von Ihnen werden jetzt möglicherweise denken: *Was schreibt der Tripolt denn da? Ich bin doch keine Anfängerin!* Stimmt, das sind Sie nicht. Aus der Erfahrung von mehr als 200.000 Verkäuferinnen, die wir seit mittlerweile einem Vierteljahrhundert begleiten, kann ich aber sagen, dass Projekte oftmals an ganz banalen Dingen scheitern.

Das dürfen Sie sich ersparen!

Kapitel 5
Der liebe Preis

Wir möchten hier kurz Ihre Aufmerksamkeit auf die Auswirkungen von Rabatten auf Ihren Unternehmensgewinn lenken.

Rabatt/Gewinn-Hebel

Hier ein Video Ausschnitt aus einem Impulsvortrag anlässlich einer Salesleader-Veranstaltung in der Eventpyramide in Vösendorf bei Wien:

(Dauer 04:32 min)

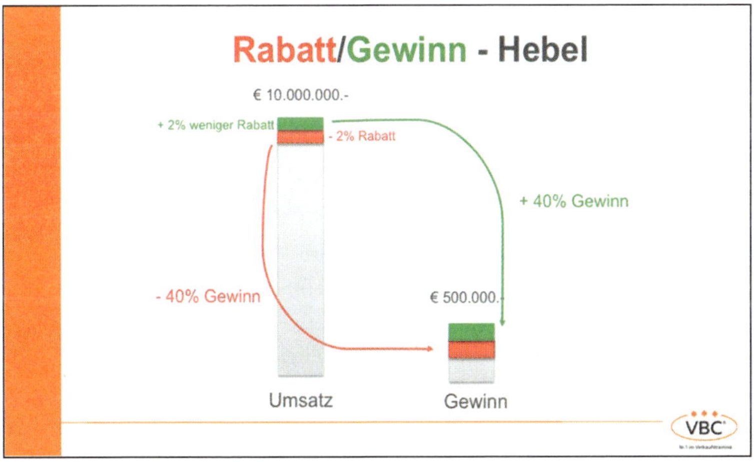

Wenn Sie Betriebswirtschaft studiert haben, wissen Sie natürlich, worüber wir hier sprechen – dass sich nämlich Rabatte direkt auf Ihren Unternehmensgewinn auswirken. Trotzdem möchte ich Ihnen ein ganz simples Modell in die Hand geben, das möglicherweise auch sehr gut dazu geeignet ist, Kolleginnen oder Mitarbeiterinnen, die an der Krankheit „Rabattitis" leiden, die betriebswirtschaftliche Dramatik sichtbar zu machen.

In unserer oberen Abbildung sehen Sie ein Unternehmen, das in einem Wirtschaftsjahr 10 Mio. Euro Umsatz macht. Wir gehen in diesem Beispiel davon aus – und das entspricht durchaus der Realität –, dass dieses Unternehmen im Normalfall 5 % Gewinn realisiert. Rechts in der Abbildung sehen Sie den Gewinnbalken: 5 % von 10 Mio. Euro ergeben 500.000 Euro. Rot eingezeichnet sehen Sie nun, was passiert, wenn in diesem Geschäftsjahr Ihr Vertrieb, vielleicht durch besonderen Marktdruck oder aufgrund von gering ausgebildeten Verkäuferinnen, 2 % mehr Rabatt gibt als zum Beispiel im Jahr davor. 2 % von 10 Mio. Euro sind 200.000 Euro, der Umsatz reduziert sich somit auf 9,8 Mio. Euro. Noch kein allzu großes Problem, könnte man auf den ersten Blick meinen. Die 200.000 Euro Umsatzverlust oben können Sie unten beim Gewinn eins zu eins abziehen, statt 500.000 Euro realisieren Sie daher in diesem Jahr nur noch 300.000 Euro. Und wenn Sie jetzt rechnen, werden Sie sehen, dass Sie damit Ihren Unternehmensgewinn um 40 % reduziert haben – und das ist doch tatsächlich ein Drama!

Die gute Nachricht:
Was nach unten funktioniert, funktioniert natürlich auch nach oben.

Angenommen, es gelingt Ihnen in diesem Wirtschaftsjahr, beispielsweise durch gut ausgebildete Verkäuferinnen, um 2 % weniger Rabatt als in der Vorperiode zu geben, dann nehmen Sie in unserem Beispiel um 200.000 Euro mehr ein. Statt 10 Mio. Euro sind es also 10,2 Mio. Euro. Das ist sicherlich erfreulich, aber es wirkt nicht fantastisch. Es ist jedoch fantastisch, denn in diesem Fall können Sie die 200.000 Euro an zusätzlichen Erlösen durch nicht gegebene Rabatte eins zu eins auf Ihren Unternehmensgewinn daraufrechnen. Sie realisieren damit statt 500.000 Euro nunmehr 700.000 Euro. Jetzt dynamisieren Sie Ihren Gewinn um eine 40%ige Steigerung! Egal, wie Sie es nachrechnen wollen – Sie werden sehen, die Rechnung stimmt.

Sicherheitshalber zur Ergänzung: Sollten Ihre Verkäuferinnen umsatzabhängige Provisionen bekommen, ändern sich die Zahlen, aber lediglich unerheblich. Alle anderen Kosten – davon gehen wir zumindest bei unserer Modellrechnung aus – bleiben gleich. Sie haben gleich viel Energieaufwand, Ihre Dienstfahrzeuge kosten gleich viel, auch die Service- und Reparaturarbeiten bleiben gleich, Miete, Personalkosten usw. All das ist unabhängig davon, ob Sie 10 Mio. Euro oder lediglich 9,8 Mio. Euro oder 10,2 Mio. Euro Umsatz realisieren.

Kämpfen Sie daher um jeden Rabattpunkt!

5.1 Das eigene Preis-Wert-Verständnis

Ich behaupte jetzt einmal frech, dass bei Ihren komplexen Produkten bzw. Dienstleistungen der Preis überhaupt keine Rolle spielt. Es geht doch darum, dass Ihre Kundinnen mit Ihren Produkten bzw. mit Ihrer Dienstleistung selbst bessere Geschäfte machen. Wenn es gelingt das rüberzubringen, wird Ihre Kundin beim nächsten Mal gar nicht erst auf die Idee kommen, nach dem Preis zu fragen oder diesen gar in Frage zu stellen.

In den meisten Fällen ist dafür das eigene Preis-Wert-Verständnis entscheidend. Bei unserer Arbeit stellen wir fest, dass es einige Verkäuferinnen und Key-Account-Managerinnen in Unternehmen gibt, die viel häufiger in Preisverhandlungen verstrickt werden als andere Kolleginnen – übrigens beim gleichen Produkt und sogar im gleichen Gebiet. Was aber machen nun die einen anders als die anderen? Der Unterschied liegt im eigenen Preis-Wert-Verständnis. Wenn wir als Verkäuferinnen unser Produkt bzw. unsere Dienstleistung als teuer – oder schlimmer noch: sogar als *zu* teuer – betrachten, werden wir das unbewusst auch unseren Kundinnen vermitteln. Und Kundinnen nutzen dies aus! Sie werden dann nach Preisreduktionen und Rabatten verlangen und uns in Preisverhandlungen verstricken wollen. Ich persönlich bin überhaupt kein Freund von Rabatten und erachte fair kalkulierte Nettopreise als wesentlich ehrlichere Verkaufspolitik.

Wenn es Ihnen im Verkaufsprozess gelungen ist, Ihren USP zu vermitteln, emotional bei Ihren Kundinnen anzudocken und Ihr eigenes Preis-Wert-Verständnis okay ist, werden Sie die Preisverhandlung vielleicht gar nicht benötigen. Die beste Preisverhandlung ist nämlich jene, die Sie gar nicht erst führen müssen. Wenn Ihr eigenes Preis-Wert-Verständnis zu 100 Prozent passt und Sie Ihre Kundin auf deren Wahrnehmungsebene abholen, dann wird sich das Thema „Preis“ in ganz vielen Fällen gar nicht stellen.

5.2 Nichts ist irrationaler als der Preis

Und auch hier wieder ein Video-Ausschnitt aus einem Impulsvortrag anlässlich einer Salesleader-Veranstaltung in der Eventpyramide in Vösendorf bei Wien:

(Dauer 04:15 min)

Ganz im Ernst: Glauben Sie bitte nicht, dass Sie Ihre Preise auf einer rationalen Ebene argumentieren können.

Beispiel:

Kurz vor der Coronakrise haben mir junge Leute erzählt, dass sie für sieben Tage Urlaub in einem bekannten Ferienort in Ägypten 579 Euro bezahlt haben. Der Preis beinhaltete Flug und Hotel, inklusive Klubbetrieb vor Ort. Rund um diese neue Klubanlage tummelten sich den ganzen Tag lang Baufahrzeuge, da dort wohl gerade weitere Touristenplätze im Entstehen waren. Der Baulärm inklusive Dieselgestank nervte die Urlauber sehr. Alles in allem hatten sie das Gefühl, dass der Urlaub echt überzahlt war!

Ein anderes Beispiel:

Ein sehr guter Freund von mir ist richtiggehend reisebesessen (und leidet, wie Sie sich wahrscheinlich vorstellen können, daher an der aktuellen Situation ganz besonders). Es gibt kaum einen Kontinent, auf dem er nicht schon mehrfach seine Urlaubswochen verbracht hat. Ich fragte ihn einmal, was so gefühlsmäßig der schönste Platz war, den er jemals besucht hatte. Wie aus der Pistole geschossen antwortete er: „Das Lemuria Resort auf Praslin, ein Top-Hotel auf einer der Seychelleninseln." Auf meine Frage, ob sich auch ein Normalsterblicher dieses Haus leisten könne, antwortete er: „Dieses Resort ist jeden Cent wert." Aus Neugierde habe ich mir eine Preisliste besorgt, und siehe da: Für die Nacht im Lemuria legt man pro

Kopf im Durchschnitt 700 Dollar ab, und da hat man lediglich die günstigste Suite und noch nicht einmal eine Einzelvilla oder die Präsidentensuite gebucht. 700 Dollar am Tag pro Person und tatsächlich jeden Cent wert!

Vergessen Sie doch einfach die Ratio, wenn es um den lieben Preis geht.

5.2.1 Das berühmte Schokokipferl

Und hier kommt noch ein Beispiel, anhand dessen Ihnen sehr schön veranschaulicht wird, dass der Preis – wenn es Ihnen gelingt, die Emotionalität mit der Rationalität zu verknüpfen – wirklich keine Rolle spielt.

Beispiel:

Ich lade Sie auf eine Gedankenreise ein. Angenommen, Sie sind frisch verliebt. Ihr Angebeteter ruft Sie am Dienstag an und fragt Sie, ob Sie ihn kommenden Samstag in seiner Wohnung besuchen wollen, Sie waren ja noch nie da. Er würde Sie zu einem schönen Wochenendfrühstück einladen. Sie sind wie gesagt frisch verliebt und zögern daher keine Hundertstelsekunde, sondern sagen sofort Ja.

Die Tage bis zum Samstag wollen kaum vergehen. Aufgrund einiger Dates, die Sie in den vergangenen Wochen schon hatten, wissen Sie, dass Ihr Angebeteter Schokolade liebt. Sie haben daher vor, am Samstag in der Früh auf dem Weg zu seiner Wohnung bei einem Bäcker vorbeizufahren und Schokoladenkipferl zu besorgen. Endlich ist es so weit. Sie wachen Samstagfrüh voller Vorfreude auf, verbringen mehr Zeit als üblich im Badezimmer und ziehen sich besonders schick an. Dann geht es mit dem Auto ab zu Ihrem Freund. Er wohnt am Stadtrand, und Sie kennen dort eine Filiale eines großen Bäckers. Im Bäckerladen sehen Sie in der Vitrine zwei Reihen lecker anmutender Schokokipferl. Unterhalb der linken Reihe in der Vitrine lesen Sie das Preisschild „€ 0,95", rechts in der Vitrine, unterhalb der Schokokipferl in der zweiten Reihe, lesen Sie das Preisschild „€ 1,98". Die Schokokipferl sehen alle irgendwie völlig gleich aus. Sie fragen daher die Verkäuferin hinter dem Tresen, was es denn da für einen Unterschied gebe. Offensichtlich war die Frau neu, nicht gut eingeschult oder einfach nur grantig und antwortete: „Ich habe keine Ahnung." Ganz ehrlich, liebe Leserin – für welches Schokokipferl entscheiden Sie sich?

Ich mache dieses Experiment nun schon seit einigen Jahren im Rahmen von Trainings und auch bei größeren Impulsvorträgen mit mehreren Hundert Teilnehmerinnen und kann Ihnen sagen: Die Quote derjenigen, die sich für die mehr als doppelt so teuren Schokokipferl entscheiden, liegt bei 90 Prozent! Sagenhafte 90 von 100 Menschen würden für ein und dasselbe Produkt doppelt so viel bezahlen, ohne dass sie irgendeinen Unterschied zwischen den Alternativen erkennen.

Die Frage aller Fragen lautet also: Wie können wir diese Schokokipferl-Emotionen auch bei unserem komplexen Produkt- und Dienstleistungsprojektverkauf generieren? In der Tat werden dabei andere Emotionen, andere Gefühle entstehen als im Bäckerladen, kurz bevor Sie Ihren neuen Freund besuchen. Aber ich denke, Sie wissen, wohin die Reise geht. Und es zahlt sich in der Tat aus – im wahrsten Sinne des Wortes –, sich mit diesem Thema auseinanderzusetzen. Wenn Sie Lust und Zeit haben, schauen Sie sich die verlinkten Filme dazu an. Dort werden Sie noch eine ganze Menge sehr brauchbarer Tipps erfahren.

Kapitel 6
Wie ein kleines Virus einen ganzen Berufsstand verändert

6.1 Verkaufen via Videokonferenz

(Dauer 2:12 min)

Nicht alles, was uns Corinna hinterlassen hat, ist schlecht. Zum Beispiel hat sie uns gelehrt, Verkaufsgespräche via Videokonferenzformat zu führen, und diese Fähigkeit und Gewohnheit wird uns sicherlich bleiben. All das, was Sie bezüglich Verkaufskommunikation in Bezug auf den Aufbau eines Gesprächs, die Gestaltung eines Verkaufsprozesses sowie die Kommunikationstechniken gelernt und bislang schon umgesetzt haben, behält auch in Videoformaten seine Gültigkeit.

Folgendes müssen wir via Video berücksichtigen:

6.1.1 Fünf Bausteine erfolgreicher Videokonferenzen

6.1.1.1 Unsere Einstellung

Möglicherweise bremsen folgende Glaubenssätze unseren Erfolg:

- Zum Beziehungsaufbau sind zwingend Präsenz-/Face-to-Face-Termine nötig.
- Meine Kundin will keine Videocalls.
- In der Videokonferenz kann ich meine verkäuferischen Fähigkeiten nicht entfalten.
- usw.

Natürlich kann es bei einer Videokonferenz zu Hoppalas kommen. Das kann uns allerdings bei Präsenzterminen ebenfalls gelingen. Je mehr Sie mit diesem neuen digitalen Setting Erfahrung sammeln und je öfter Sie positive Gespräche führen, desto mehr werden sich in Ihrem Unterbewusstsein positive Ressourcen stapeln. Höchstwahrscheinlich sind professionelle Verkaufsgespräche via Videokonferenz mittlerweile auch bei Ihnen bereits zum gewohnten Format geworden.

Gerade bei unserem Drei-Phasen-Modell empfehlen wir unseren Teilnehmerinnen und Kundinnen, den Ersttermin online durchzuführen. Die zahlreichen Vorteile des Onlinetermins, vor allem was die Effektivität betrifft, haben wir schon hinlänglich besprochen. Es wird Ihnen jedenfalls gelingen, herauszufinden, ob es genügend spannende Schnittmengen zwischen Ihrem Unternehmen und dem Ihrer Kundin gibt. Das ist die Basis für Ihre Entscheidung, wie Sie in die zweite Phase gehen. Bei besonders interessanten Projekten empfehle ich Ihnen, wenn es geografisch möglich ist, im Folgetermin (Phase 2) einen Livetermin zu bevorzugen.

6.1.1.2 Videoarbeitsplatz

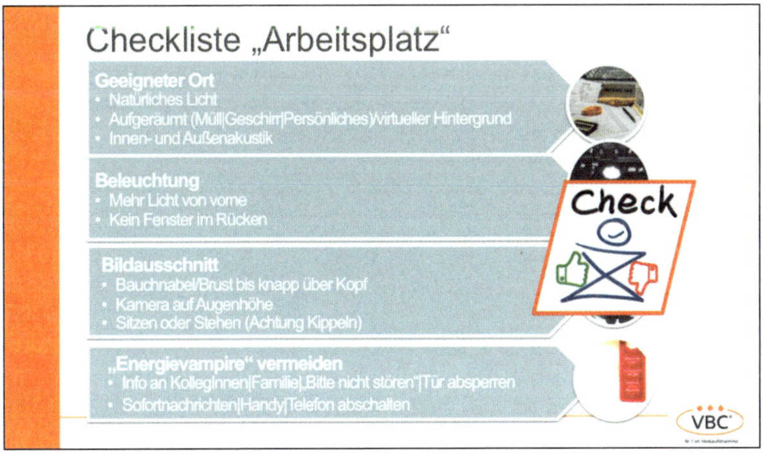

Wenn Sie unterwegs sind und daher kein optimales Arbeitsplatz-Setting vorfinden, suchen Sie sich einen ruhigen Platz im Auto, im Hotel oder im Restaurant o.dgl. mit einer guten Internetverbindung. Ein Hotspot mit Ihrem Smartphone bei LTE-Empfang ist für qualitativ hochwertige Videokonferenzen ausreichend und Sie sind damit völlig mobil. Stellen Sie einen virtuellen Hintergrund ein. Verwenden Sie aufgrund der potenziell störenden Nebengeräusche in diesem Fall immer einen Kopfhörer.

6.1.1.3 Technik

Sie benötigen eine gute und stabile Internetverbindung. Das absolute Minimum ist 10 Mbit/s Up- und Download. Wie Sie das herausfinden? Geben Sie in Ihren Browser „Speedcheck“ ein, damit finden Sie gleich mehrere Tools, um Ihren Up- bzw. Download und damit Ihre Internetverbindung zu testen. Sind Sie im grenzwertigen Bereich, nutzen Sie besser Ihr LAN (Kabel) anstelle Ihres WiFi oder (wie gerade angesprochen) bei mobilem LTE-Empfang Ihr Smartphone als Hotspot.

Tipp für Nutzerinnen von Microsoft Office 365:

Schalten Sie Ihr OneNote während der Videokonferenz aktiv aus, denn wenn Ihr Computer OneNote-Dateien synchronisiert, verlieren Sie zu viel Bandbreite. Vermutlich gilt dies auch für Google-Drive-Synchronisationen, da kann ich jedoch nicht aus eigener Erfahrung sprechen.

6.1.1.3.1 Kopfhörer

Gerade, wenn Sie potenzielle Störgeräusche haben, sind Kopfhörer sehr empfehlenswert. Leider sind die grundsätzlich besonders praktischen kabellosen Bluetooth-Kopfhörer hier oft gar nicht gut geeignet, weil sie Rückkoppelungen erzeugen. Diese können Sie mit Kopfhörern mit Kabelanschluss meist gänzlich ausschalten.

Und wenn Sie unterwegs sind, ist Ihr Smartphone-Kopfhörerkabel besser als nichts!

6.1.1.3.2 Kamera

Die meisten der in den modernen Notebooks verbauten Kamerasysteme sind mittlerweile ausreichend lichtstark für brauchbare Videokonferenzbilder. Haben Sie das nicht, besorgen Sie sich eine Webcam im Elektronikfachhandel. Jedes Videokonferenzsystem lässt zu, dass Sie zwischen unterschiedlichen Kameras hin- und herschalten.

6.1.1.3.3 Für Verkaufsprofis

Besorgen Sie sich einen Touchscreen-PC oder ein Tablet und einen Computerstift. Mit diesem Stift können Sie während Ihrer Präsentation besser als mit jeder Computermaus durch Striche, Kreise und andere Symbole die Blickführung Ihrer Kundinnen perfekt lenken.

Außerdem haben Sie damit die optimale Ausstattung, um auch in Videokonferenzen „Pencil Selling“ durchzuführen. Der Effekt ist ähnlich wie der Umgang mit Flipchart oder Pinnwand-Papier und Filzstift in Präsenzsituationen. Allerdings gilt auch hier: Übung macht den Meister!

6.1.1.4 Kleidung

Business Casual – damit liegen Sie richtig! Also wählen Sie eine entspannte Form der Geschäftskleidung:

- bei Damen zum Beispiel Stoffhose oder Bleistiftrock mit Bluse und Blazer
- bei Männern Anzug mit Hemd ohne Krawatte oder Stoffhose mit Hemd und Sakko

Verzichten Sie auf merkwürdige Stoffe, knallige Farben, ausgefallene Schnitte und irritierende Muster – Ihrer Gesprächspartnerin und Ihrer Kamera zuliebe.

Webcams verstärken Kontraste und Bildschirme verschlucken Farben. Kleine Muster können Ihre Kamera irritieren und ein Flimmern hervorrufen.

Auch die Variante im Homeoffice mit „unten ohne“ empfehle ich unter gar keinen Umständen. Nicht nur kann es mehr als peinlich für Sie sein, wenn Sie vielleicht irrtümlich darauf vergessen und aufstehen. Auch Sie selbst verhalten sich in einem Business-Outfit anders als eben „unten ohne“.

6.1.1.5 Netiquette

Seien Sie eine gute Gastgeberin, schließlich laden Sie ja Ihre Kundinnen zu sich ein, sei es in Ihr Büro oder sogar in Ihr Homeoffice.

Was Sie beachten sollten:

- Nehmen Sie davon Abstand, während der Konferenz zu essen oder zu trinken.
- Sprechen Sie in normaler Lautstärke klar und deutlich und reden Sie auch etwas langsamer.
- Schalten Sie Ihr Mikrofon aus, wenn Sie nicht an der Reihe sind.
- Lassen Sie Ihre Gesprächspartnerinnen immer ausreden.
- Seien Sie stets pünktlich und freundlich!

6.2 Sorry, Luftfahrt

In der Tat sind die Auswirkungen der weltweiten Coronapandemie für die internationale Luftfahrt dramatisch. In einzelnen Lockdown-Phasen ist das Flugaufkommen auf 5–10 % der normalen Verkehrsfrequenz geschrumpft. Viele Analystinnen sagen voraus, dass auch nach Corona die Anzahl der Geschäftsreisen um bis zu 60 % oder 70 % reduziert bleiben wird. Eine schlechte Nachricht für die Luftfahrt, aber was für eine gute

Nachricht für uns Bürgerinnen auf dieser Erde! Wie viele nicht mehr notwendige Flüge, wie viel Kerosin und CO_2-Ausstoß werden wir uns und unserer Umwelt zuliebe dadurch zukünftig sparen!

Fluglinien und Unternehmenskapitäninnen, die als einziges Marketinginstrument „Billig fliegen!" oder auch „Billig verkaufen!" ausrufen, sind ohnehin auf dem Irrweg. Oder denken Sie, dass der 39-Euro-Flug von Berlin nach Barcelona wirklich notwendig ist?

Privat sehnen wir uns natürlich alle wieder nach unserem wohlverdienten Urlaub, der ja oftmals in fremde, weit entfernt liegende Länder geht, und damit vielfach nur mit dem Flugzeug zu erreichen ist. Wir können nur hoffen, dass diese Pandemie die Flugindustrie dazu motiviert (oder besser gesagt: dazu *nötigt*), den Entwicklungsturbo zu starten und dass Biosprit, Wasserstoff und/oder elektronische Antriebstechnologien das umweltschädliche Kerosin bald ablösen werden.

Wozu die Menschheit in der Lage ist, haben die Wissenschaftlerinnen und Forscherinnen dieser Welt gerade erst gezeigt, als sie in wenigen Monaten wirkungsvolle Vakzine erforscht, entwickelt und produziert haben.

Kapitel 7
Wie kommen wir eigentlich zu Leads?

Gastkapitel von Michael Vaclav, Geschäftsführer der brandReach KG und ausgewiesener Inbound-Marketing-Spezialist

In den vorangegangenen Kapiteln haben Sie zahlreiche Informationen zu Vertriebstechniken erhalten. Damit Sie aber das Gelernte überhaupt anwenden können, ist es natürlich wichtig, dass Sie zu Leads kommen.

Aus diesem Grund widmen wir uns in diesem abschließenden Kapitel der Frage, wie sich die Lead-Generierung im Laufe der letzten zwei Jahrzehnte verändert hat und welche Wege wir einschlagen können, um auf moderne Art qualitativ hochwertige Leads zu generieren.

7.1 Quantität oder doch lieber Qualität?

Als ich ganz frisch im Vertrieb war, waren Beispiele sehr beliebt, um neuen Sales-Kollegen die jeweiligen Prozesse im Vertrieb näherzubringen. Ich erinnere mich noch gut an das berühmte „Badewannen"-Beispiel.

Beispiel:

> Stell dir vor, in einer Badewanne befinden sich 100 weiße Kugeln und drei schwarze Kugeln. Deine Augen sind verbunden und du siehst nicht, welche Farbe die jeweiligen Kugeln haben. Bei den weißen Kugeln machst du keinen Abschluss, bei den schwarzen schon. Was, meinst du, verhilft dir zu mehr Abschlüssen: Eine Kugel nach der anderen herauszuholen oder gleich mit der Schaufel in die Badewanne zu fahren?

Klar – mit der Schaufel ist die Chance ungleich größer. Das Prinzip dahinter war somit recht simpel: Je größer die Schlagzahl im Verkauf, je mehr Gespräche man führt, desto höher ist die Wahrscheinlichkeit, auch einen potenziellen Interessenten zu identifizieren. Also Quantität vor Qualität. Das war allerdings in den späten Neunzigern. Seitdem hat sich einiges verändert.

Damals war die Blütezeit der telefonischen Kaltakquise, also das Durchtelefonieren von Listen, ohne vorher auch nur das Geringste über den Bedarf des Gegenübers zu wissen. Man hat auf Messen und Events um die Wette Visitenkarten eingesteckt und diese dann später nachtelefoniert. Es ging schlichtweg um die Masse.

In den 2000er-Jahren war ich bei unterschiedlichen Personalvermittlungen im Vertrieb tätig. Dort verhielt es sich nicht anders. Wir hatten eine gewisse Anzahl an Telefonaten zu führen und daraus eine definierte Quote an Terminen, Opportunities und Abschlüssen zu generieren. Um diese Ziele zu erreichen, gab es im Back-Office eine ganze Abteilung, die Adressdaten aufbereitete.

Ich persönlich konnte mich mit diesem Schema allerdings damals schon nicht wirklich anfreunden, deswegen richtete ich mir parallel dazu Suchagenten auf XING (LinkedIn war zu jener Zeit im deutschsprachigen Raum noch nicht so verbreitet) und diversen Jobplattformen ein. Dadurch erhielt ich jeden Morgen potenzielle Leads, die nach Personal in meinem Zuständigkeitsbereich suchten.

War ein Unternehmen bereits im CRM (Customer-Relationship-Management) vorhanden und hatte es einen Kollegen als Betreuer, leitete ich diese Information einfach weiter. War das Unternehmen allerdings noch nicht im CRM oder hatte es keinen zugewiesenen Betreuer (und das war der überwiegende Anteil), so machte ich mich selbst an die Kontaktaufnahme.

Das Ergebnis? Bei der gleichen Anzahl an Telefonaten kam es um ein Vielfaches mehr zu Terminen, Opportunities und Abschlüssen. Heutzutage ist es in den meisten Unternehmen gängige Praxis, in dieser Art und Weise zu agieren. Damals war es das nicht.

Aber warum erzähle ich Ihnen das?

Kanäle und Möglichkeiten, um neue Leads zu generieren, gibt es wie Sand am Meer. Die Frage ist nur, welche Ihnen am meisten bringen. Und hier sind wir wieder am Anfang bei der Badewanne und den Kugeln: Was wäre, wenn Sie die Augenbinde abnehmen und die schwarzen Kugeln gezielt heraussuchen könnten?

7.2 Das veränderte Kaufverhalten

In den letzten zwei Jahrzehnten hat sich das Kaufverhalten grundlegend geändert, nicht nur im B2C-, sondern genauso auch im B2B-Umfeld. Ich möchte Ihnen hierzu gleich ein einfaches Beispiel bringen.

Beispiel:

> Stellen Sie sich vor, Sie wollen einen Drucker für zu Hause kaufen. Was tun Sie? Wenn Sie keine Ahnung von diesen Geräten haben, werden Sie vermutlich zunächst einmal googeln. Sie werden feststellen, dass es eine große Schwankungsbreite im Preis und dass es Tintenstrahl- und Laserdrucker gibt. Natürlich haben Sie auch die Auswahl zwischen Farb- und Schwarz-Weiß-Druckern. Je mehr Sie online recherchieren, desto mehr werden Sie herausfinden, was Sie eigentlich wirklich wollen. Am Ende geht es nur noch darum, wo Sie den Drucker kaufen möchten.

Im B2B-Bereich ist es nicht anders. Die meisten Suchanfragen beginnen online. Content-Marketing hat die Art, wie die Generierung von Leads heute funktioniert, komplett auf den Kopf gestellt. Kleine Unternehmen mit einem besseren Google-Ranking zu speziellen Keywords können Konzernen, die auf alte und verstaubte Webseiten setzen, Leads streitig machen. Das wäre vor zehn oder 20 Jahren nicht so einfach möglich gewesen.

7.3 Die Inbound-Methodik als Reaktion und Treiber

Wie gesagt finden Sie heute (fast) alles online: Produktbeschreibungen, technische Dokumentationen, Kalkulatoren und vieles mehr. Der Vertriebsprozess wandert immer weiter ins Marketing.

Hat der Anzug tragende Vertreter früher noch seinen Taschenrechner oder das klobige IBM-Notebook aus seinem Aktenkoffer hervorgezogen, um eine erste Preiskalkulation durchzuführen, so finden sich mittlerweile die meisten Preise bereits online. Produktpräsentationen sind an vielen Stellen Videos gewichen, und den klassischen Sales Pitch gibt es heute als Whitepaper zum Download.

Diesem Wandel kann man sich als Unternehmen nur schlecht entziehen, denn wer nicht mehr und/oder besseren Content produziert und es seinen potenziellen Leads nicht noch einfacher macht, alle gewünschten Informationen zu erhalten, hat oftmals das Nachsehen. Damit begeben wir uns in eine Content-Spirale, aus der es aktuell kaum ein Entrinnen gibt.

Daraus resultiert eine neue Methode der Lead-Generierung: „Inbound" nennt sie sich und beschreibt Marketing- sowie Sales-Modelle, die anfragebasiert funktionieren. Lassen Sie mich diese Methode anhand einer Abwandlung des „Badewannen"-Beispiels beschreiben.

Beispiel:

> Sie stehen wieder vor einer Badewanne mit 100 weißen und drei schwarzen Kugeln. Ihre Augen sind nach wie vor verbunden, die schwarzen Kugeln sind noch immer diejenigen, die zu Ihren Kunden werden, die weißen weiterhin leider nicht.
>
> Aber es gibt zwei gravierende Unterschiede:
>
> 1) Die schwarzen Kugeln bestehen aus Eisen.
>
> 2) In der Hand halten Sie einen sehr starken Magneten.

Genau diesem Beispiel folgend, geht es bei der Inbound-Methode darum, potenzielle Kunden anzuziehen, sprich: sie von selbst zu einem kommen zu lassen. Idealerweise wissen diese sogar gegen Ende des Prozesses bereits, dass sie mit Ihrem Unternehmen arbeiten wollen. Sie kennen alle Preise und wollen nur noch ein allerletztes Mal die Bestätigung, dass sie bei Ihnen richtig und mit ihrem Anliegen gut aufgehoben sind.

Das klingt fast zu schön und zu einfach, um wahr zu sein, oder? Keine Sorge – um bis zu diesem Punkt zu gelangen, ist einiges an Arbeit erforderlich. Von selbst passiert das alles natürlich nicht, und die Inbound-Methode funktioniert auch nicht für alle Unternehmen. Aber solange Ihre Zielgruppe online recherchiert und die Anzahl an potenziellen Unternehmen sich nicht auf einer DIN-A4-Seite unterbringen lässt, sehr wohl. Anders gesagt: Es gibt Ausnahmen, doch für die meisten B2B- und sogar für viele B2C-Unternehmen funktioniert diese Methode.

Je größer Ihre potenzielle Zielgruppe, und je komplexer und erklärungsbedürftiger Ihr Produkt oder Ihr Service ist, desto eher wird diese Methode für Sie und Ihr Unternehmen funktionieren.

7.4 Inbound-Marketing & Inbound-Sales: Was ist das eigentlich?

Der gravierendste Unterschied zur klassischen Lead-Generierung im Sales und auch im Marketing besteht darin, dass sich Inbound darauf fokussiert, Probleme zu lösen und Fragen zu beantworten – und zwar die Probleme und Fragen Ihrer Zielgruppe.

Statt also einfach Display-Ads auf Nachrichtenportalen für ein neues Automobil zu schalten und zu hoffen, dass jemand auf das Werbemittel klickt, würde man Inhalte produzieren, die Personen dabei helfen, herauszufinden, wie viel diese noch für ihr altes Modell bekommen können, und in weiterer Folge, ab wann sich ein Neuwagen bezahlt macht.

Dabei wird nicht nur die Spitze des Eisbergs adressiert – also nicht nur jene Gruppe an Personen, die jetzt, in dieser Sekunde, bereit sind, einen Kauf zu tätigen –, sondern es werden Personen möglichst früh in den sogenannten „Funnel" geholt, um diese in weiterer Folge durch den Kaufentscheidungsprozess zu begleiten.

Und hier sehen Sie schon: Je komplexer und erklärungsbedürftiger ein Produkt oder eine Dienstleistung ist, desto besser lässt sich das bewerkstelligen.

Dabei wird die gesamte Buyers Journey berücksichtigt und nicht erst ab dem Moment, ab dem Sales involviert ist. Deswegen spricht man auch von „Inbound-Marketing" und „Inbound-Sales".

7.5 Smarketing: Sales & Marketing – die Kombination der Zukunft?

„Zwei Abteilungen waren – gleich an Würdigkeit – in jenem Unternehmen, wo die Handlung steckt, durch alten Groll zu neuem Kampf bereit."

Verzeihen Sie mir diese freie Ableitung des einleitenden Chorus von *William Shakespeares* „Romeo und Julia". Aber ebenso wie in diesem Theaterstück könnten beide Abteilungen Hand in Hand an der Generierung von Leads sowie an einem erfolgreichen Abschluss derselben arbeiten. Oder aber sich gegenseitig mit Vorwürfen wie „Marketing gibt nur sinnlos Geld aus" oder „Vertrieb will dauernd etwas spontan – das ist unmöglich" konfrontieren.

Tatsächlich sind viele Unternehmen inzwischen auf einem guten Weg, wenn es darum geht, dieses ewige Tauziehen zu beenden. In den letzten Jahren sind auch neue Positionen wie „Head of Marketing & Sales" entstanden. Es zeigt also vieles in die richtige Richtung, denn letztlich ist es die Aufgabe beider Abteilungen, neue Leads zu generieren. Und dazu ist eine enge Zusammenarbeit mehr als wichtig.

Auch für Leads ist es nicht nachvollziehbar, dass kaum bis gar keine Information aus dem Marketing an Sales gelangt ist und dass Sales diese auch nicht einfordert. Oder dass bei Unterlagen, Präsentation und im schlimmsten Fall sogar bei Preislisten unterschiedliches Auftreten an den Tag gelegt wird.

Gleichzeitig wollen jüngere Generationen mit Sales eigentlich nicht oder nur ganz selten sprechen und recherchieren stattdessen online. Dadurch wandern Argumente, die früher von Sales in Verkaufsgesprächen vorgebracht wurden, heute häufig in Form von Content ins Marketing. Inzwischen sind 70 bis 80 Prozent der Buyers Journey bereits abgeschlossen, bevor es einen ersten Kontakt mit Sales gibt, und natürlich hat dies eklatante Auswirkungen auf den Vertrieb und die dahinterliegenden Strategien.

Aber auch wenn Informationen und Argumentationsketten ins Marketing wandern, verändert sich inhaltlich kaum etwas. Natürlich sind diese Inhalte anders aufbereitet – nicht gesprochen, sondern verschriftlicht oder als Video aufbereitet –, im Wesentlichen ändert sich aber nur der Kanal. Und es betrifft nicht die wirklich heißen Leads, nicht die Spitze des Eisbergs, sondern jene, die sich erst in einer frühen Phase des jeweiligen Kaufentscheidungsprozesses befinden.

Wer nun vielleicht denkt, dass Verkaufsgespräche ja diverse Verzweigungen aufweisen können – all das lässt sich auch über Marketing und

Automation abbilden. Oder lassen Sie es mich anders ausdrücken: Es ist unmöglich, ein Auto über einen Webshop zu verkaufen, denn dabei handelt es sich um ein so emotionales Produkt, dass der Kunde unbedingt mit einem Verkäufer sprechen möchte.

Und nun besuchen Sie bitte den Webshop von Tesla.

Die Kunst dabei ist es nicht, zu verkaufen, sondern zu beraten, und das über die gesamte Buyers Journey hinweg. Somit enden die Aufgaben des Marketings idealerweise nicht, wenn ein Lead an Sales weitergeleitet wird, sondern sie erstrecken sich über vertriebsunterstützende Maßnahmen wie die Konzeption von Follow-up-E-Mails und Download-Elementen sowie laufendes A/B-Testing der Assets des Vertriebs, um mehr Performance zu erzielen.

Umgekehrt beginnt Sales nicht erst ab dem ersten Termin mit einem Lead. Denn wer kennt die Fragestellungen und Argumente von Leads besser als Sales? Sales wird damit zum wichtigen Inputgeber für das Marketing, also zum Grundpfeiler der Marketing- und insbesondere der Content-Strategie.

Das Fazit an dieser Stelle lautet also: Um erfolgreich Leads zu generieren, ist es unerlässlich, sich auf die gesamte Buyers Journey zu fokussieren. Weg von Einzelaktionen. Weg von „Sales macht A und Marketing macht B". Der moderne und mündige Kunde möchte über die gesamte Buyers Journey hinweg ein einheitliches und stringentes Erlebnis.

7.6 Die Buyers Journey – das zentrale Element zur Lead-Generierung

„Die Reise eines Käufers" beschreibt den Prozess von der Gewahrwerdung einer Herausforderung, eines Problems oder eines Zieles über die Evaluierung unterschiedlicher Lösungsansätze bis hin zur Entscheidung für einen Lieferanten. Und damit beschreibt sie vollumfänglich die Reise einer Person, bis diese zu Ihrem Kunden wird. Aber lassen Sie mich das ein weiteres Mal mit einer Abwandlung des „Badewannen"-Beispiels beschreiben.

Beispiel:

> Wir haben wieder eine Badewanne vor uns. Diesmal befinden sich darin 70 weiße Kugeln, 30 graue Kugeln und drei schwarze Kugeln. Die schwarzen sind erneut jene, die gerne Kunden werden möchten, und die weißen sind wiederum jene, für die Ihr Angebot leider nicht passt. Aber zusätzlich gibt es nun 30 graue, also potenzielle Kunden, die mit ein wenig Zuwendung zu schwarzen Kugeln werden können.

Was Sie mit den schwarzen und den weißen Kugeln machen, liegt auf der Hand, denn hier verändert sich auch nicht viel. Spannend aber ist nun das, was Sie mit den grauen Kugeln machen. Diese sind noch nicht reif für einen Kauf. Manche davon beginnen, sich gerade erst mit einer Herausforderung, einem Ziel oder einem Problem, bei dem Sie helfen können, zu beschäftigen.

Wenn Sie diese nicht einfach in der Badewanne zurücklassen, sondern bei der Entscheidungsfindung unterstützen, haben Sie gerade Ihr Potenzial an Leads verzehnfacht. Aber sehen wir uns die einzelnen Phasen im Detail einmal etwas genauer an.

7.6.1 Buyers Journey, Phase I – die Awareness Stage

In dieser Phase wird sich eine Person eines Umstands gewahr. Dabei kann es sich um ein Ziel, ein Problem oder eine Herausforderung handeln. Der springende Punkt ist, dass diese Person plötzlich damit konfrontiert wird und sich erst einmal orientieren muss. Ein einfaches Beispiel wäre das Folgende:

Beispiel:

> Einer Person rinnt die Nase, sie hat Fieber und hustet. Um herauszufinden, womit sie konfrontiert ist, sucht sie entsprechend im Internet nach diesen Symptomen. Aufgrund ihrer Recherche erfährt sie, dass es sich wahrscheinlich um einen grippalen Infekt handelt.

In diesem Fall hätte die Person die Awareness Stage in nur wenigen Minuten abgeschlossen. Im B2B-Kontext dauert das oftmals etwas länger. In dieser Phase haben Sie im Vertrieb noch keinen Kontakt mit der betreffenden Person, und das ist auch gut so. Denn stellen Sie sich vor, die Person googelt gerade nach „Was verursacht eine rinnende Nase?", und Sie läuten an deren Haustüre mit einem Hühnchen in der Hand und fragen: „Ganzes Huhn gefällig?"

Das wäre doch etwas befremdlich, oder?

Die meisten Unternehmen generieren Awareness-Stage-Leads, indem sie Download-Content zur Verfügung stellen – also plakativ gesagt: „Finden Sie mit dieser Checkliste heraus, was Ihre laufende Nase verursacht" – und diesen mit passendem Website-Content als Blogartikel hinterlegen, wie zum Beispiel: **„Laufende Nase: Die häufigsten Gründe inklusive Checkliste zum Selbsttest."**

Ihr Vertrieb sollte, wie gesagt, an diesem Punkt noch nicht unbedingt involviert werden. Deswegen stellt sich die Frage, was es uns bringt, solche Leads zu generieren, wenn dann anschließend kein Anruf erfolgt. Hier kommt Lead Nurturing ins Spiel, also die Antizipation der wahrscheinlichsten Anschlussfragen und deren proaktive Beantwortung durch unterschiedliche Maßnahmen.

Was vielleicht ein wenig kryptisch klingt, ist einfach erklärt: So könnte beispielsweise ein E-Mail oder eine LinkedIn- bzw. Facebook-Ad an genau diese Person mit dem Titel **„Laufende Nase – ein klares Zeichen für einen grippalen Infekt**" lauten, also das Next-best-Offer an Inhalt, um die Frage Ihres Leads aus der Awareness Stage zu beantworten und die Phase damit abzuschließen.

Der Vorteil dieser Methode liegt auf der Hand: Sie führen die suchende Person – Ihren Lead – weiter zur gewünschten Information, hin zum Ende der Awareness Stage. Und Sie sind durch hilfreichen Content bereits beratend tätig. Als Folge dieser Maßnahme bauen Sie eine Beziehung mit dem Lead auf, und dieser konsumiert bereitwillig Ihre Inhalte. Schließlich helfen Sie der Person in der aktuellen Situation weiter.

Üblicherweise bedienen wir uns im B2B-Bereich unterschiedlicher Whitepaper und Checklisten, um Leads zu einer ersten Conversion zu bringen. So verlockend es auch ist, aber Angebote für ein Erstgespräch, Online-Demos, Webinare und andere Inhalte, bei denen direkt ein Mitarbeiter Ihres Unternehmens vertreten ist, werden schlechter wahrgenommen.

7.6.2 Buyers Journey, Phase II – die Consideration Stage

Nun weiß die Person bereits, dass es sich bei ihrer laufenden Nase um einen grippalen Infekt handelt. Sie möchte also erfahren, was sie tun kann, um wieder gesund zu werden, wie sie mit der Situation umgehen soll und welche Lösungsansätze es gibt. Das Ziel und Ende der zweiten Phase ist die Entscheidung, welchen Lösungsweg die Person einschlägt.

Okay, ich habe einen grippalen Infekt – was kann ich dagegen tun, um wieder zu genesen?

Ihre Leads können auf unterschiedlichem Weg in diese Phase eintreten. Vielleicht haben Sie den Lead bereits in der Awareness Stage eingesammelt und in die Consideration Stage gebracht. Andererseits kann jeder Lead auch direkt in jede Phase einsteigen. Denn vielleicht wurde die Awareness Stage durch private Bekannte oder andere Quellen bereits absolviert.

Nun, da die Person die unterschiedlichen Lösungswege kennenlernen und gegenüberstellen möchte, bieten Sie mit Ihren Argumenten dieser Person Unterstützung bei der Entscheidungsfindung. Soll sie zum Hausarzt gehen? In eine Apotheke? Oder soll sie sich vielleicht eine Hühnersuppe zubereiten? Auch hier sind Download-Elemente gängig. In diesem Fall könnte das beispielsweise **„3 Ansätze gegen grippale Infekte – werden Sie gesund in 73 Stunden“** sein.

Hier werden die jeweiligen Conversion-Elemente schon etwas vielfältiger. Natürlich funktionieren Download-Elemente (zum Beispiel Produktvergleiche, Vergleiche von Lösungsansätzen usw.) immer noch hervorragend, aber da sich Ihr Lead für einen Lösungsweg entscheiden möchte, taucht dieser auch schon sehr tief in die Materie ein. Daher sind Webinare, Online-Demos oder auch Trial-Versionen einer Software gute Wege, um die Person weiter durch die Buyers Journey zu begleiten.

Ihr Ziel sollte hier allerdings nicht eine Terminvereinbarung mit dem Lead sein. Versuchen Sie, die Brille Ihres Leads aufzusetzen. Dieser möchte verstehen, welche Lösungswege es gibt, und er will erfahren, welcher am besten zu ihm passt. Er hat kein Interesse an einer Verkaufspräsentation. Er möchte sämtliche Informationen, um selbst eine Entscheidung hinsichtlich der präferierten Variante treffen zu können.

7.6.3 Buyers Journey, Phase III – die Decision Stage

Die letzte Phase der Buyers Journey ist die Entscheidungsphase. Hier befinden sich Leads, die bereits wissen, wo der Schuh drückt und welchen Lösungsweg sie einschlagen möchten. Um bei unserem Beispiel zu bleiben:

Beispiel:

> Perfekt! Eine Hühnersuppe ist ein wunderbares Antigrippemittel. Die Frage ist nur: Woher bekomme ich das Huhn für meine Suppe?

Diese Person hat sich also gegen einen Besuch beim praktischen Arzt oder in der Apotheke oder andere Szenarien ausgesprochen, sondern für die Variante Suppe entschieden. Erst jetzt geht es darum, den Lead von Ihrem Unternehmen und von Ihrem Huhn zu überzeugen. Bio-Huhn? Durchgehend geöffnet? Erfahrungsberichte bestehender Kunden sind hier die gängigsten Methoden, um den Lead von Ihrem Unternehmen zu überzeugen. Sie konkurrieren in diesem Beispiel mit Supermärkten, Fleischereien oder auch Lieferservices.

In der Decision Stage setzen viele B2B-Unternehmen erfolgreich auf Case Studies und Referenzen wie: „**Peter F. war nach dem Verzehr unseres Bio-Suppenhuhns nach nur drei Tagen wieder fit.**" Aber auch Anleitungen à la „**So starten Sie am besten mit …**" sind klassische Decision-Stage-Content-Stücke. In unserem Fall wäre das dann wohl ein Rezept. Oder auch ein Beratungsgespräch, wie man eine ideale Hühnersuppe aufsetzt und welche Beilagen und Gewürze am bekömmlichsten sind. Vielleicht haben Sie auch Auszeichnungen für Ihre Bio-Hühnchen bekommen?

In der Decision Stage entscheidet sich Ihr Lead letztlich für einen Anbieter. Fahren Sie also erst hier die wirklich schweren Geschütze auf. Alle Gründe, um mit Ihnen zu arbeiten, sind hier richtig. Aber behalten Sie dabei stets im Hinterkopf, dass die Gründe für den Lead auch nachvollziehbar sein müssen. Vermeiden Sie also, Argumente aus der Sicht Ihres Unternehmens zu bringen, sondern setzen Sie in der Argumentation verstärkt auf jene Vorteile, die Ihr Lead durch eine Zusammenarbeit mit Ihnen und Ihrem Produkt oder Service genießt. Ihr Ziel ist in dieser Phase die Vereinbarung eines persönlichen Termins wie eines Beratungstermins oder einer Online-Demo.

7.7 Die Bausteine eines digitalen Lead-Generation-Prozesses

Wie hilft Ihnen nun diese Definition der Buyers Journey, wenn Sie in Ihrem Unternehmen Leads generieren wollen? Um das herauszufinden, müssen wir uns die jeweiligen Methoden näher ansehen, die in einem solchen Prozess eingesetzt werden.

7.7.1 Schritt I: Qualitativ hochwertigen Traffic generieren

Ihre Webseite ist die Dreh- und Angelscheibe Ihrer digitalen Lead-Generation. Die Zeiten, in denen man einfach eine „digitale Visitenkarte im Internet" haben wollte, sind schon lange vorbei. Und um dieses zentrale Element der Lead-Generierung nutzen zu können, benötigen Sie Traffic – und zwar qualitativ hochwertigen.

Aber was ist qualitativ hochwertiger Traffic? Wenn Sie sich an den Abschnitt „Buyers Journey" erinnern, geht es darum, die Fragen Ihrer Kunden zu beantworten sowie relevant und hilfreich zu sein, damit Sie unbekannte Personen in Leads verwandeln und diese durch die Buyers Journey bis zur Sales-Reife begleiten können.

7.7.1.1 Content-Marketing zur Lead-Generation

Eines der heutzutage wohl gebräuchlichsten Formate ist Content, und das in unterschiedlichen Formen vom geschriebenen Blog über Video-Content bis hin zu Podcasts. Wichtig ist, dass Ihre potenziellen Leads Sie auch finden. Und das wiederum bedeutet, dass Ihr Content dort aufscheinen muss, wo sich Ihre Leads aufhalten. Und dass diese Quellen Ihnen Traffic bringen.

Das Gute an Content ist, dass dieser fast schon für die Ewigkeit gemacht ist. Natürlich müssen Inhalte immer wieder mal aktualisiert werden, aber prinzipiell ist der Content 24 Stunden am Tag und sieben Tage pro Woche für Sie online. Und er erscheint immer dann, wenn ein potenzieller Lead genau nach jenen Inhalten sucht, zu denen Sie bereits etwas Passendes produziert haben.

Manche Unternehmen mit starken Marken gehen sogar so weit, die Produktion von Content teilweise an die Community auszulagern.

Haben Sie also eine größere Fangemeinschaft, dann kann es sich auszahlen, diese in Ihre Content-Strategie miteinzubeziehen. Stellen Sie sich vor, jemand googelt nach „laufender Nase“ und stößt auf einen Artikel Ihrer Online-Community, wo man sich darüber unterhält, welches Rezept noch schneller zur Genesung führt. Wenn Sie diese Königsdisziplin meistern, verkürzen Sie häufig sogar die Buyers Journey und leiten Leads von der Awareness Stage direkt in den Kaufprozess. Das ist dadurch möglich, da Community-Content eine deutlich höhere Glaubwürdigkeit aufweist als Corporate-Content und daher auch zu schnelleren Entscheidungen führen kann.

7.7.1.2 Performance-Marketing zur Lead-Generation

Ads, Ads und noch mal Ads. Hierbei handelt es sich um bezahlten Traffic, also um die Schaltung von Anzeigen auf unterschiedlichen Portalen, um Personen zu einem bestimmten Thema auf Ihre Webseite zu bringen.

Die wohl beste Art des Paid-Traffics sind **Search Engine Ads**, sprich Anzeigen, die in Suchmaschinen ausgespielt werden. Warum? Weil bereits jemand durch die Eingabe einer bestimmten Suchanfrage ein gewisses Interesse an Ihren Leistungen geäußert hat. Der Traffic durch diese Art der Ads ist daher meistens sehr wertvoll und führt häufig zu Conversions und dadurch zu Leads.

Eine ebenfalls sehr gute Methode, um neue Leads zu generieren, sind **Social Media Ads**. Je nachdem, welche Zielgruppe Sie ansprechen wollen, eignen sich dafür unterschiedliche Plattformen wie LinkedIn, XING oder auch Facebook bzw. andere soziale Netzwerke.

Was es allerdings zu berücksichtigen gilt, ist nicht nur die Zielgruppe, sondern auch die Phase der Buyers Journey, in der sich Ihre Leads möglicherweise aufhalten. Während sich auf den jeweiligen Plattformen das Buyer Profile (Zielunternehmen) und die Buyer Personas (Zielpersonen) perfekt identifizieren lassen, wissen Sie dennoch nicht, in welcher Phase der Buyers Journey sich Ihre Zielgruppen befinden. Hier empfehlen sich unterschiedliche Methoden wie z. B. Ad-Sequenzen, d. h. aufbauende Anzeigen, die auf die jeweilige Phase der Buyers Journey abzielen.

7.7.1.3 Direct Traffic und Search Engine Optimization (SEO)

Der wohl wertvollste Traffic kommt allerdings ganz von selbst zu Ihnen, und zwar über Suchmaschinen oder durch die direkte Eingabe Ihrer URL. Je aktiver Sie im Marketing tätig sind, je mehr neue Kunden Sie gewinnen und je zufriedener diese sind, desto mehr Menschen erfahren von Ihnen und Ihrem Unternehmen und machen sich selbst auf die Suche nach Ihnen. Gleichzeitig wirken sich die im Abschnitt Content-Marketing beschriebenen Faktoren im organischen Bereich aus. Je mehr relevante Inhalte Sie produzieren und je besser Sie damit auf die Fragen und Bedürfnisse Ihrer Zielgruppe eingehen, desto besser wird Ihr Content im Laufe der Zeit in den verschiedenen Suchmaschinenergebnissen ranken. Natürlich unter der Prämisse, dass Sie zumindest die Grundprinzipien der Suchmaschinenoptimierung (SEO) berücksichtigen.

Wenn Sie also für den Vertrieb einen konstanten Strom an neuen Leads generieren wollen, dann ist die Kombination aus an die Buyers Journey angepasster Content-Produktion mit dahinterliegendem SEO-Engagement genau der Weg, der Sie mittel- bis langfristig zum Ziel führen wird.

7.7.2 Schritt II: Den Traffic in Leads konvertieren

Wunderbar! Den ersten Schritt haben Sie geschafft. Sie produzieren Inhalte für Ihre Zielgruppe, verbreiten diese Inhalte und generieren Traffic. Jetzt geht es darum, dass dieser Traffic auch konvertiert. Die durchschnittliche Conversion Rate über alle Branchen hinweg liegt zwischen 2,35 % und 5,31 %. Im B2B-Bereich sprechen wir im Schnitt von 2,23 % bis 4,31 % (Quelle: geckoboard.com).

Nehmen wir an, Sie haben aktuell eine Conversion Rate von 2 % und schaffen es mit einfachem Conversion-Testing, diese Quote auf 4 % zu heben. In diesem Moment haben Sie gerade Ihre Online Lead Generation verdoppelt. Wenn Sie sich im B2B nur ein wenig mit Conversion-Rate-Optimierung (CRO) beschäftigen, sind Conversion Rates von 8 % bis 15 % keine Seltenheit. Und wie sich das auf Ihre Lead-Generierung auswirken wird, liegt wohl auf der Hand, oder?

Dazu kommt noch ein weiterer Vorteil: Wenn Sie sich mit der Inbound-Methode und CRO beschäftigen, werden Sie feststellen, dass die Qualität Ihrer Leads deutlich zunimmt. Sie generieren also nicht nur mehr Leads, auch die Abschlusswahrscheinlichkeit steigt deutlich. Warum ist das so? Ganz einfach: Weil Sie an das Buyer Profile, die Buyer Persona und die Buyers Journey angepasste Inhalte produzieren. Dadurch ziehen Sie mehr relevanten Traffic an und machen es diesem durch CRO auch noch leichter, zu konvertieren.

7.7.2.1 Mehr Leads durch Calls to Action (CTAs)

Wie schon beschrieben, werden Sie viel Website Traffic durch unterschiedliche Marketingmaßnahmen generieren. Und hier spielt Ihr Blog eine zentrale Rolle. Menschen suchen auf Suchmaschinen nach Antworten auf ihre Fragen, und diese Antworten können Sie geben. Passgenau. Auf Ihrem Blog. Aber was passiert dann?

Es ist zwar schön, wenn sich Besucher auf Ihrer Website Ihre Artikel durchlesen – aber Sie wollen diese Personen ja in einen Funnel leiten. Also ist es gängige Praxis, zu versuchen, Personen mit Angeboten im Blog-Content auf Landingpages weiterzuleiten, wo diese sich einen erweiterten Inhalt herunterladen können. Und genau hier kommen CTAs – Calls to Actions – ins Spiel. Es handelt sich bei CTAs in der Regel um einfache Buttons oder grafisch gestaltete, klickbare Elemente.

Aber welcher CTA funktioniert nun wirklich? Um das herauszufinden, sollten Sie mit Tests loslegen. Überlegen Sie ein wenig und testen Sie die verschiedenen CTAs gegeneinander aus. Funktioniert einer besser als der andere? Passt, dann haben Sie Ihre A-Variante gefunden. Danach geht es um die laufende Optimierung. Können Sie mit Formulierungen, Angebotsvariationen, Farben, Bildern und vielem mehr vielleicht eine noch höhere CTR (Click-Through-Rate) herausholen?

Der Traffic landet im ersten Schritt großteils auf Ihrem Blog, und das ist gut so. Genau dafür ist er ja auch da. Je mehr des vorhandenen Traffics Sie dann auf Ihre Landingpages leiten können, desto mehr Leads generieren Sie. Also angenommen, Sie verzeichnen 10 000 Personen pro Monat auf Ihrem Blog und eine Blog-CTR von 2 %, dann gelangen über Ihren Blog pro Monat 200 Personen auf Ihre Landingpages. Wenn Sie dort wiederum eine Conversion Rate von 2 % realisieren, generieren Sie im Monat vier Leads. Sollten Sie es aber schaffen, die Blog-CTR im Schnitt auf 10 % zu heben, sieht die Sache schon ganz anders aus. Immerhin wären es dann 1000 Personen auf Ihren Landingpages, die über den Blog kommen, und bei 2 % Conversion Rate sprechen wir dann immerhin schon von 20 Leads pro Monat.

Natürlich bedeutet das nicht, dass jeder Blogartikel eine CTR von 10 % haben wird. Hier geht es um den Durchschnitt. Sie werden Artikel haben, bei denen Sie eine CTR von 20 % verzeichnen, und andere Blogbeiträge, bei denen Sie zwischen 0 % und 1 % herumdümpeln. Natürlich können Sie diese Ergebnisse laufend optimieren, aber manche Content-Hypothesen stellen sich einfach als falsch heraus, und dann ist da einfach nichts mehr zu machen. Im Normalfall sollte Ihr Blog mit einer durchschnittlichen CTR zwischen 7,5 % und 15 % aufwarten können. Dazu müssen Sie natürlich ein paar Prinzipien berücksichtigen.

Verzichten Sie auf generische Angebote. Das Conversion-Asset muss zum Inhalt passen – eine ganz einfache Regel. Handelt der Artikel beispielsweise von Buyer Personas, dann wäre eine Anleitung zur Erstellung von Buyer Personas eine naheliegende Wahl. Je enger Sie am Thema bleiben, desto mehr Leads werden Sie einsammeln.

CTAs, die zu Erstgesprächen, Webinar-Anmeldungen und anderen Einstiegspunkten für den Vertrieb führen, verzeichnen oftmals eine deutlich geringere Conversion Rate. Das macht aber nichts, denn darum kümmern wir uns dann im Zuge des Lead Nurturings.

7.7.2.2 Mehr Leads durch Landingpage-Optimierung

Sie haben den Content, Sie haben die Ads, und der Traffic kommt auf Ihre Landingpages. Darauf sollten Sie sich jedoch keinesfalls ausruhen, sondern die Landingpages ebenfalls laufend optimieren. Denn dieser Hebel ist fast noch größer als bei der Optimierung der CTAs.

Nehmen wir unser Beispiel von vorhin. Sie verzeichnen also 10 000 Besucher pro Monat auf Ihrer Webseite im Blog-Bereich, dazu generieren Sie noch über Ads, die direkt auf Ihre Landingpages verweisen, weitere 500 Personen. Ihr Blog hat infolge der Optimierung der CTAs eine CTR von 10 % bei den relevanten Artikeln und bringt Ihnen daher 1000 Personen auf Ihre Landingpages. Inklusive der über Ads generierten Personen liegen Sie somit bei 1500 Personen pro Monat und erzeugen bei einer Conversion Rate im Landingpage-Bereich von 2 % insgesamt 30 Leads pro Monat.

Gute Landingpages schaffen allerdings deutlich mehr. Auch hier können Sie im B2B-Bereich gerne von einem Schnitt von 5–10 % ausgehen. Das wären in unserem Beispiel also 75 bis 150 Leads pro Monat. Von ursprünglich vier Leads auf nunmehr 75–100 Leads – das hört sich gar nicht mal schlecht an, oder?

Wenn Sie also Ihr Lead-Potenzial vervielfachen möchten, kann ich Ihnen nur dringend empfehlen, dieses Prozedere in Ihrem Unternehmen zu etablieren.

7.7.3 Schritt III: Lead Nurturing für mehr salesreife Leads

Mit Ihren 75–100 Leads pro Monat sind Sie schon einmal gut unterwegs. Die Sache ist nur die: Wenn Sie diese Leads entlang der Buyers Journey generieren, sind natürlich nicht alle sofort bereit, auch zu kaufen. Sie können davon ausgehen, dass so ca. 60 % der generierten Leads der Awareness Stage zuzuordnen sind, weitere 30 % befinden sich in der Consideration Stage und nur 10 % der generierten Leads haben bereits die Decision Stage erreicht. Das Gute daran ist, dass all die anderen Leads die jeweiligen Phasen durchlaufen und je nachdem, wie lange der Entscheidungsprozess üblicherweise dauert, früher oder später ebenfalls bei Ihnen aufschlagen werden.

Damit das allerdings auch wirklich passiert, müssen Sie die Leads so gut wie nur irgend möglich durch die Buyers Journey begleiten.

7.7.3.1 Intelligentes E-Mail-Marketing für bessere Ergebnisse

Spielen wir unser Gedankenexperiment noch weiter durch. Sagen wir, Sie generieren 100 Leads pro Monat über Ihre Webseite, davon sind allerdings 60 bis 90 noch nicht bereit, direkt mit dem Vertrieb zu interagieren. Also wollen wir diese Leads weiter durch den Funnel bewegen, und dafür gibt es eigentlich kaum ein anderes Medium, das sich so sehr dafür eignet, wie E-Mail-Marketing.

Ich spreche hier allerdings nicht vom wöchentlichen oder monatlichen Newsletter, der wohl gängigsten Form des E-Mail-Marketings. Das ist nämlich in den meisten Fällen die am wenigsten sinnvolle. Jede Woche oder jeden Monat starten Sie dasselbe Prozedere: Sie überlegen sich Inhalte oder lassen sich Inhalte aus den unterschiedlichen Abteilungen liefern. Und im schlimmsten Falle senden Sie dann dieses Mail mit den Inhalten an alle Ihre Kontakte oder nehmen eine rudimentäre Segmentierung vor.

Es liegt auf der Hand, dass die Inhalte nicht für jeden Rezipienten gleich spannend sind. In der Regel auch nicht für die jeweiligen Segmente. Weder baut der Newsletter auf den vorher gesammelten Informationen – Buyer Profile, Buyer Persona und Buyers Journey – auf, noch zielt er darauf ab, die jeweilige Person in die nächste Phase der Journey zu befördern.

Die gängigste Antwort auf die Frage, warum man überhaupt solche Periodicals verschickt, lautet „Weil man in Erinnerung bleiben möchte" oder „Weil es die anderen auch so machen". Das aber ist – bei aller Wertschätzung – definitiv kein gutes Argument. Campaign Monitor spricht davon, dass die durchschnittliche Öffnungsrate im E-Mail-Marketing bei 15–25 % liegt und die CTR aus E-Mails bei rund 2,5 %. Im Umkehrschluss bedeutet das, dass 97,5 % all jener Personen, denen Sie einen Newsletter zusenden, auf keinen einzigen Link Ihrer E-Mails klicken.

Und es bedeutet auch, dass der Inhalt der Mails nicht als relevant genug erachtet wird, um sich tiefgreifender mit der Materie beschäftigen zu wollen. Ebenfalls sollte Ihnen die Tatsache, dass 75–85 % Ihrer Kontakte Ihre Newsletter noch nicht einmal öffnen, zu denken geben.

Wenn Sie allerdings auf Lead-Nurturing-Strecken via E-Mail setzen, sieht die Sache ganz anders aus. Wir stehen aktuell bei unseren E-Mails bei einer Klickrate von im Schnitt 40–50 %, und das bei einer durchschnittlichen Öffnungsrate von 64 %.

Wenn ich wieder auf das Beispiel aus dem Call-to-Action-Abschnitt zurückkommen darf: Stellen Sie sich vor, Sie haben einen Blogartikel zum Thema „Buyer Personas" und einen CTA, der auf eine kostenlose Anleitung zur Erstellung von Buyer Personas aufmerksam macht. Dann können Sie durchaus mit ca. 10 % CTR zur Landingpage rechnen. Auf der Landingpage schaffen Sie nach ein bisschen Conversion Testing ebenfalls 10 %.

Gehen wir davon aus, Ihre Anleitung – also das Download-Element zum Thema Buyer Personas – endet mit einem Hinweis auf den nächsten Schritt, nämlich die Ableitung der Buyers Journey aus den erstellten Buyer Personas. Und sagen wir, Sie senden eine Woche nach dem ersten Download dem jeweiligen Lead, der sich das „Buyer Persona"-Dokument heruntergeladen hat, proaktiv die Weiterführung zu. Ja, dann kommen Sie auf deutlich bessere Zahlen.

Zusammengefasst bedeutet das: Wie auch schon in allen anderen Abschnitten aus diesem Kapitel geht es um Relevanz. Je relevanter Sie agieren, desto mehr und bessere Leads generieren Sie. Und wenn Sie es schaffen, sich statt eines „Onesizefits all"-Mails auf unterschiedliche Strecken zu fokussieren, dann leiten Sie Ihre Leads deutlich besser durch den Funnel in Richtung Sales.

7.7.3.2 Retargeting als Ergänzung im Nurturing-Prozess

Ein weiterer wesentlicher Aspekt ist der intelligente Einsatz von Retargeting. Selbst, wenn Sie Öffnungsraten von 64 % erreichen, bedeutet das, dass 36 % der Mail-Empfänger von Ihren Lead-Nurturing-E-Mails nicht erreicht werden. Und selbst bei einer Klickrate von 40 % bis 50 % bedeutet das, dass 50 % bis 60 % auf keinen einzigen Link in den E-Mails geklickt haben.

Statt also einfach alle Personen, die jemals einen Fuß auf Ihre Webseite gesetzt haben, in ein einfaches Retargeting laufen zu lassen, sollten Sie all jene Personen, die aus Ihrem Lead-Nurturing-Prozess auszubrechen drohen, gezielt adressieren. Nicht jede Person ist via E-Mail-Marketing gut zu erreichen. Leider. Aber zum Beispiel die Nichtöffner mit derselben Botschaft aus den E-Mails noch mal auf anderen Kanälen zu adressieren, hilft Ihnen, die Quote Ihrer Leads, die Sie bis zur Sales-Reife begleiten, noch weiter zu steigern.

7.7.3.3 Qualifizierung von Marketing-Leads für Sales

Wo wir schon bei der Quote Lead zu Opportunity sind … Lead ist nicht gleich Lead. Dass sich jemand etwas herunterlädt, ist das eine. Aber wird diese Person jemals bei Ihnen kaufen? Um möglichst viele Abschlüsse aus diesem Prozess zu erzielen, ist es wichtig, einige Zwischenschritte einzuziehen.

So wird nicht jeder Kontakt automatisch zum Lead, nur weil Sie beispielsweise einen Datensatz dazu in Ihrem CRM gespeichert haben.

Was ist denn z. B. mit jenen Personen, von denen Sie eigentlich gar nichts wissen, die sich aber für Ihren Newsletter angemeldet haben? Hier von Leads zu sprechen wäre wohl etwas verfrüht.

Ein Lead sollte schon eine Person sein, die zumindest in der einen oder anderen Form Interesse und die Möglichkeit auf ein Geschäft vermuten hat lassen. Also jemand, der sich vielleicht in frühen Phasen ein bestimmtes E-Book oder eine Checkliste heruntergeladen oder der sich in späteren Phasen zu einem Webinar oder einer Online-Demo angemeldet hat.

Aber so ein Lead ist definitiv noch nicht reif für Sales. Immerhin wissen Sie nichts über den Lead, außer vielleicht, in welcher Phase der Buyers Journey sich die Person befindet (basierend auf dem jeweiligen Download – also dem Interesse und der Fragestellung des Leads).

An dieser Stelle sollten Sie, um mehr Informationen zu sammeln, weitere Maßnahmen nutzen wie z. B. progressive Formulare. Die meisten modernen CRM- und Marketing-Automation-Plattformen stellen diese Funktionen bereits nativ zur Verfügung. Das System dahinter ist einfach: Sie definieren ein Set an Fragen, die Sie zur Lead-Qualifizierung beantwortet haben möchten. Das können zu Beginn z. B. die Anrede, Vorname, Nachname und die E-Mail-Adresse sein.

Je besser Sie Ihre Funnels aufsetzen, desto öfter wird diese Person ein Formular auf einer der Landingpages ausfüllen. Und statt immer dieselben Felder auszufüllen, werden diese durch Felder mit noch unbekannten Werten ersetzt. Hat also der Kontakt schon einmal seinen Vor- und Nachnamen angegeben, könnten bei einem erneuten Formularaufruf der Unternehmensname und die Funktion im Unternehmen abgefragt werden.

Und ja, auf diese Weise sammeln Sie zahlreiche wertvolle Informationen über Ihre Leads. Entspricht also ein Lead auf Basis dieser Informationen Ihrem Buyer Profile (z. B. durch die angegebene Branche oder die Anzahl der Mitarbeiter) und der Buyer Persona (z. B. durch Angabe der Rolle im Unternehmen), könnten Sie diesen als Marketing Qualified Lead (MQL) kennzeichnen.

MQLs können Sie allerdings nicht nur durch explizite Informationen kennzeichnen; auch durch implizite Informationen lassen sich Ihre

Leads besser qualifizieren. Sagen wir, Sie haben drei oder vier Zielbranchen und produzieren Content gezielt für Ihre Buyer Persona in der Branche. Dann kann das Aufrufen oder auch der Download solcher Informationen als Indikator dafür dienen, dass es sich um einen MQL handelt.

Warum ist eine solche Kennzeichnung wichtig? Einerseits wollen Sie sicherlich nicht potenzielle Kunden verschrecken, indem Sie sich im Sales zu früh melden. So etwas kann oft mehr Schaden anrichten, als dass es hilft. Und andererseits wollen Sie doch wohl auch eher mit denjenigen Leads sprechen, bei denen es eine realistische Chance auf einen Abschluss gibt.

Wenn Sie also eine Vielzahl von Leads generieren, macht es durchaus Sinn, sich auf die heißen Leads zu fokussieren und bei den anderen noch zuzuwarten, bis diese ebenfalls eine gewisse Reife erlangt haben. Und die Definition des Marketing Qualified Leads ist ein guter Indikator für eine realistische Chance für Sales.

Diese Personen haben schließlich durch ihr Verhalten bereits bewiesen, dass sie sich für die Thematik interessieren. Und sie haben sich zumindest eine gewisse Zeit lang durch den Funnel begleiten lassen. Lange genug, damit Sie ausreichend Informationen über den Lead sammeln konnten. Und da sich die gesammelten Informationen mit Ihrer Zielkundenbeschreibung deckt … Nun ja, ein guter Match jedenfalls.

7.7.4 Schritt IV: Übergabe an Sales

Endlich! Der Lead wird an Sales übergeben. Sobald ein Lead den Status MQL erreicht hat, ist er bereit für eine Kontaktaufnahme durch Sales. Je nachdem, wie gut Sie Ihre Arbeit – also Content, Performance-Marketing, Conversion-Optimierung und Lead Nurturing – bis zu diesem Moment gemacht haben, wird Ihre Rate von MQL zu SQL (Sales Qualified Lead) besser oder schlechter sein.

Der Status Sales Qualified Lead bedeutet, dass ein Lead nicht nur den Kriterien des Buyer Profiles, der Buyer Persona und der Buyers Journey entspricht, sondern auch der Prüfung durch Sales in Form eines ersten kurzen Gesprächs (Discovery Call) standgehalten hat.

Wenn Sie hier eine weniger gute Rate von MQL zu SQL erzielen, bedeutet das, dass Sie im Prozess davor, also im Lead Nurturing, noch ein wenig nachschärfen müssen.

Haben Sie Ihre Hausübungen allerdings gemacht, dann füllt sich Ihr Kalender fast wie von selbst mit Anfragen zu Erstgesprächen, Beratungsterminen, Online-Demos oder was auch immer Sie für den ersten Schritt verwenden. Dadurch ersparen Sie sich viel Zeit in der Akquise und können sich auf das konzentrieren, was deutlich mehr Sinn für Sales macht – nämlich das Abschließen von Deals.

Folgen Sie also der Inbound-Methode, bedeutet das, dass Sie mittels Inbound-Marketings einen stetigen Strom an neuen Leads generieren und qualifizieren, und dass erst im letzten Schritt Sales die wichtigen Gespräche führt und Deals abschließt. Oder verkürzt: Marketing generiert Leads und Sales verwandelt diese in Kunden.

7.8 Echt jetzt? Lead Generation ohne Sales?

Das liegt bei Ihnen und Ihrem Unternehmen. Aber natürlich gibt es auch für Sales Methoden, neue Leads zu generieren. Wichtig ist dabei die Priorisierung. Wenn Sie sich an das „Badewannen"-Beispiel erinnern: Im Sales will man nicht mit den weißen Kügelchen kommunizieren. Und wenn man es sich aussuchen kann, dann hätte man vermutlich am liebsten den Lead, der einfach anruft oder das Kontaktformular auf der Webseite ausfüllt. Und mit der oben beschriebenen Methode des Zusammenspiels von Marketing und Sales funktioniert das genauso.

Natürlich gelingt das nicht von heute auf morgen. Sie benötigen schon einiges an Konzeption und Vorbereitung, bis Sie auf diese Art ausreichend Leads generieren. Aber haben Sie das einmal geschafft, befindet sich Ihr Vertrieb in der komfortablen Situation, nur mit wirklich interessierten Leads zu kommunizieren, was einerseits Ihren Sales Cycle deutlich verkürzt und andererseits Ihre Abschlussquote nach oben schnellen lässt.

In der Regel benötigen Sie ca. sechs bis neun Monate, bis Sie die ersten Leads auf dieser Basis erhalten. Und bis Sie ausreichend Leads auf diese Art generieren, kann das durchaus schon eineinhalb bis zwei Jahre dauern. Besser also, wenn Sie früher damit anfangen, denn ein wenig Vorlaufzeit sollten Sie auch noch berücksichtigen.

Sehen wir uns aber einmal an, welche Methoden zur Lead-Generierung Sie im Sales quasi aus dem Stand nutzen können.

7.8.1 Priorisierung ist das Um und Auf in der Lead-Generierung durch Sales

Im Vertrieb ist man oft auf unterschiedlichen Baustellen unterwegs. Der regelmäßige Anruf bei einem Bestandskontakt, telefonische Kaltakquise, ein Messebesuch und dann vielleicht auch noch die eine oder andere Interaktion auf LinkedIn oder XING. Was hier leider häufig fehlt, ist die Priorisierung nach Abschlusswahrscheinlichkeit.

Vielleicht fragen Sie sich jetzt, wie Sie danach priorisieren sollen, wo Sie doch nur mit unbekannten Personen interagieren. Ja, das geht. Deswegen widmen wir uns nun zum Abschluss – in priorisierter Reihenfolge – den Maßnahmen zur Lead-Generierung, mit denen Sie im Sales eigentlich jeden Tag zu tun haben.

7.8.1.1 #1 – Beantwortung von über die Webseite erhaltenen Anfragen

Natürlich ist das im Grunde genommen ein No-Brainer, aber der Vollständigkeit halber soll dieser ebenfalls hier aufgeführt sein. Die wichtigsten Leads sind natürlich jene, die laut und deutlich bei Ihnen anfragen, sei es nun über ein Kontaktformular, ein gebuchtes Erstgespräch, eine Demo o. dgl. Und nicht wenige werden hoffentlich bald über Inbound-Marketing-Maßnahmen bei Ihnen aufschlagen.

Was Sie dabei aber unbedingt beachten sollten, ist Ihre Aufgabe, sich möglichst schnell zu melden, den Lead zu qualifizieren und einen Termin zu vereinbaren. Wussten Sie, dass laut einer von HubSpot publizierten Studie die durchschnittliche Reaktionszeit im B2B-Segment bei 42 Stunden liegt? Lediglich 37 % der Unternehmen haben sich auf erhaltene Anfragen innerhalb von einer Stunde zurückgemeldet. 16 % melden sich immerhin noch im Laufe eines Tages. 24 % benötigen für eine Rückmeldung bereits 42 Stunden und 23 % melden sich überhaupt nicht.

Dabei ist die Wahrscheinlichkeit einer erfolgreichen Kontaktaufnahme mit einem Lead um das Hundertfache größer, wenn Sie sich bereits nach fünf Minuten statt nach 30 Minuten melden.

Und wenn Sie berücksichtigen, dass 35 % bis 50 % der Leads bei dem Unternehmen Kunde werden, mit dem sie zuerst in Kontakt waren, zahlt sich Geschwindigkeit definitiv aus.

7.8.1.2 #2 – Beantwortung von erhaltenen Anfragen aus Social Media

Diese Quelle findet viel zu wenig Beachtung. Wir alle erhalten Kontaktanfragen, sei es auf XING, LinkedIn oder auch Facebook. Und nicht selten bekommen wir diese auch von Personen, die einer Buyer Persona entsprechen und damit eigentlich sogar den Status eines Marketing-Qualified-Lead (MQL) haben.

Bevor Sie also nur einmal pro Woche (oder vielleicht sogar lediglich einmal pro Monat) Ihre Kontaktanfragen durchforsten, sollten Sie sich einen Plan zurechtlegen, wie Sie jeden Morgen die eingelangten Anfragen durchgehen und mit diesen Personen in einen Dialog treten können. Denn hierin schlummert oft sehr einfach abzuholendes Lead-Potenzial.

7.8.1.3 #3 – „Decision Stage"-Content-Download

An dritter Stelle finden sich Leads, von denen Sie bereits wissen, dass diese sich in der Entscheidungsphase befinden – allerdings ohne, dass sie sich direkt bei Ihnen gemeldet hätten, also beispielsweise Personen, die einen Showcase heruntergeladen haben oder ein Integrations- oder Preisdokument.

Da diese Personen schon recht weit in der Buyers Journey vorangeschritten sind, wären Sie nach denen, die sich direkt bei Ihnen gemeldet haben, der nächstbeste Fit. Überlegen Sie sich auch hier eine Strategie für die Ansprache auf Basis des jeweiligen Downloads oder anderer Informationen, die Sie bereits gesammelt haben. Generische „Wollen wir uns einen Termin ausmachen?"-Mails oder -Anrufe führen hier deutlich weniger oft zum Erfolg.

7.8.1.4 #4 – Anonyme Website-Besucher

Wenn Sie sich erinnern, wie hoch die Conversion Rates liegen, schlummert auch hier noch einiges an Potenzial. Selbst, wenn Sie auf Ihrer Website durch unterschiedliche Maßnahmen eine Conversion Rate von 10 % erreichen, bedeutet das noch immer, dass 90 % des Traffics nicht konvertieren. Manche davon könnten Sie aber direkt ansprechen.

Dazu gibt es sogenannte Reverse-IP-Lookup-Tools. Größe und Qualität der gespeicherten IP-Adressen ist je nach Hersteller unterschiedlich, aber wenn Sie einen guten Dienstleister gefunden haben, verrät Ihnen ein solches Tool, welche Unternehmen sich auf Ihrer Webseite tummeln, wie oft diese wiederkehren, und im Idealfall, welche einzelnen Seiten Ihrer Webseite diese aufgerufen haben.

Wenn Sie sich dann auf diejenigen fokussieren, die Consideration- oder Decision-Stage-Content (Preise, Vergleiche, Showcases ...) auf Ihrer Webseite aufrufen, können Sie diese Informationen nutzen, um beispielsweise auf LinkedIn passende Ansprechpartner aus den jeweiligen Unternehmen zu identifizieren und anzusprechen.

Gerade, wenn Sie sehen, dass manche Unternehmen, die Ihrem Buyer Profile entsprechen, regelmäßig Ihre Inhalte konsumieren, sich aber dennoch nicht gemeldet oder konvertiert haben, ist das ein absolut spannender Weg, um hochwertige Leads zu generieren.

7.8.1.5 #5 – Web-Alerts zur Lead-Identifikation

Je nachdem, in welcher Branche Sie tätig sind, kann es Sinn machen, unterschiedliche Alerts von unterschiedlichen Plattformen zu abonnieren. Ich selbst habe beispielsweise einen Alert zum Thema Marketing-Automation laufen. Ab und an erhalte ich die Information, dass ein relevantes Unternehmen einen neuen CMO eingestellt hat, dessen Aufgabe es ist, Marketing-Automation einzuführen. Es könnte also ein schlechterer Zeitpunkt für eine Kontaktaufnahme sein.

Ähnlich verhält es sich mit Alerts von Jobplattformen. Immer wieder wird ein Marketing-Automation-Manager mit der Aufgabe der Einführung von Marketing-Automation gesucht.

Und auch, wenn diese Alerts noch nichts über einen Fit mit dem idealen Buyer Profile aussagen, so sind sie dennoch eine spannende Quelle, um Unternehmen mit Bedarf zu identifizieren.

7.8.1.6 #6 – LinkedIn- & XING-Akquise

Über diese beiden Business-Netzwerke lassen sich Ihre Buyer Personas optimal identifizieren und ansprechen. Allerdings sind Sie damit nicht allein, und regelmäßig liest man auch, wie schwarze Schafe die Generierung von Neugeschäft auf XING oder LinkedIn weiter erschweren.

Je nach Zielgruppe müssen die Personen natürlich auf unterschiedliche Art und Weise angesprochen werden. Und nein, man sollte natürlich nicht plump mit der Tür ins Haus fallen und gleich nach einem Termin fragen. Zu viele Personen schreiben Nachrichten nach dem Motto: „Hey, ich habe gesehen, dass Sie auch arbeiten gehen. Lassen Sie uns doch einen Termin vereinbaren." Damit werden Sie Ihr Ziel nicht erreichen.

Seien Sie hilfreich. Gehen Sie vielleicht auch einen Umweg. Eventuell kann es helfen, eine aktuelle Studie zum Download anzubieten. Wenn sich die Person für die Thematik (unabhängig von der Phase in der Buyers Journey) interessiert, steht die Wahrscheinlichkeit nicht schlecht, dass sie Ihr Angebot annehmen wird.

Testen Sie hier unterschiedliche Wege, es wird sich lohnen. Unser eigener Vertrieb erzielt beispielsweise rund 30 % Reaktionsrate bei Rückmeldungen über LinkedIn.

Dazu gibt es auf den jeweiligen Plattformen auch noch unterschiedliche Gruppen, in denen Sie sich engagieren können. Nicht selten wird in solchen Gruppen sogar gezielt nach einem Anbieter gesucht. Also, seien Sie hilfreich, und Sie werden auch auf diese Art neue Leads generieren.

Übrigens: Was Gruppen angeht, ist Facebook ebenfalls ein sehr guter Kanal für manche Branchen.

7.8.1.7 #7 – „Consideration Stage"-Content-Download

Inhaltlich gibt es hier kaum einen Unterschied zum „Decision Stage"-Content-Download. Da sich die Personen allerdings noch nicht für einen Lösungsweg entschieden haben, rangieren Leads in dieser Phase erst auf Platz 7 dieser Liste.

Personen in dieser Phase vergleichen unterschiedliche Lösungsansätze; deswegen kann es durchaus Sinn machen, einfach einmal durchzuklingeln und zum Beispiel einen Demo Termin oder ein anderes Angebot zu machen, das der Person eine Frage aus dieser Phase beantwortet.

Natürlich gilt: Überlegen Sie zuerst, mit welchen Fragen sich die betreffende Person im Zuge ihrer Entscheidungsfindung gerade beschäftigt. Danach können Sie sicherlich etwas Passgenaues anbieten.

7.8.1.8 #8 – Webinar-Teilnehmer durchtelefonieren

Erst auf Platz 8 kann ich das Durchtelefonieren von Webinar-Teilnehmern empfehlen, die sich meistens in der Consideration Stage befinden und daher weniger nahe am Abschluss als die Plätze 1–5 dieser Liste stehen.

Bei Platz 6 (Social-Media-Akquise) wissen Sie, dass das Buyer Profile bzw. die Buyer Persona passt, jedoch können Sie nicht einschätzen, ob überhaupt Bedarf besteht. Und bei Platz 7 („Consideration Stage"-Content-Download) wissen Sie, dass Bedarf besteht, jedoch nicht, ob das Buyer Profile bzw. die Buyer Persona passt.

Bei Teilnehmern an Webinaren haben Sie häufig einen bunten Mix und wissen daher oftmals leider weder, ob die Buyer Persona oder das Buyer Profile zu Ihren Anforderungen passt, noch, ob aktuell überhaupt Bedarf an Ihrem Produkt bzw. Service besteht.

Gleichzeitig kostet die Bewerbung von Webinaren in der Regel deutlich mehr als jene von Download-Elementen und sie weist gleichzeitig einen deutlich höheren Personalaufwand auf.

Die Empfehlung geht daher definitiv in die Richtung, diese Art der Lead-Generierung hinter die Produktion von wirklich guten Download-Assets anzustellen.

7.8.1.9 #9 – „Awareness Stage"-Content-Download

Wenn Ihnen alle anderen Alternativen bis hierhin ausgegangen sind, dann können Sie vorsichtig Ihre Leads aus der Awareness Stage anrufen. Vorsichtig deshalb, damit Sie sie nicht verschrecken. Sie wissen aber zumindest, dass sich diese in einer frühen Phase der Buyers Journey befinden, also fokussieren Sie sich zunächst auf Beratung und Hilfestellung und vergessen Sie, dass Sie etwas verkaufen wollen.

Ihr Ziel sollte an dieser Stelle sein, herauszufinden, welche Informationen die jeweilige Person benötigt, um in die nächste Phase ihrer Journey zu gelangen. Und vielleicht können Sie ihr dabei helfen und damit den Prozess beschleunigen.

7.8.1.10 #10 – Traditionelle Kaltakquise (Telefon, Events, Vereine ...)

An der letzten Stelle dieser Auflistung finden Sie schlussendlich noch die traditionelle Kaltakquise, also das Abtelefonieren von Listen oder das Einsammeln von Visitenkarten und Nachtelefonieren.

Warum kommt dieser Klassiker erst an letzter Stelle? Wenn Sie sich noch einmal die Einleitung des Kapitels vor Augen führen, habe ich ein paar Beispiele gebracht, aus denen hervorgeht, dass es deutlich sinnvoller ist, mit Personen zu sprechen, die tatsächlich Bedarf an Ihren Services oder Produkten haben, anstatt einfach stur eine Liste abzutelefonieren und auf diese Art herauszufinden, ob überhaupt Bedarf besteht oder bestehen kann.

Diese Argumentation zieht sich auch durch das restliche Kapitel. Denn letztlich ist es für Sie im Vertrieb, für das Vertriebsmanagement wie auch für das gesamte Unternehmen besser, wenn Sie verstärkt mit jenen Leads sprechen, bei denen eine höhere Abschlusswahrscheinlichkeit herrscht, als wenn Sie einfach draufloswildern.

Ein weiterer Grund ist die immer geringer werdende Rechtssicherheit bei klassischen Vertriebsaktivitäten. In Österreich gibt es beispielsweise das Telekommunikationsgesetz (TKG) von 2003 und in diesem findet sich der Paragraf 107 „Unerbetene Nachrichten". Dieser Abschnitt macht deutlich, dass sämtliche Personen, die Sie kontaktieren möchten, einer Kontaktaufnahme per Telefon, E-Mail usw. auch vorab bereits zugestimmt haben müssen. Übrigens sind nicht einmal allgemein zugängliche Telefonnummern aus dem Impressum davon ausgenommen. Die telefonische Kaltakquise ist also schon seit geraumer Zeit rechtlich nicht gedeckt.

Darüber hinaus haben die meisten klassischen Vertriebsmethoden auch Nachteile im Sinne der Datenschutzgrundverordnung (DSGVO), denn die elektronische Speicherung und Verarbeitung von personenbezogenen Daten (Name, Adresse, Telefonnummer etc.) ist ohne Zustimmung ebenfalls nicht zulässig. Anders als beim TKG wartet die DSGVO mit drakonischen Strafen auf.

Ich selbst bin kein Jurist. Mein Unternehmen hat allerdings unterschiedliche Kanzleien gequält, da unser Kerngeschäft die Definition von Prozessen zur Lead-Generierung ist und wir natürlich für unsere Kunden keine Prozesse definieren können, die rechtlich nicht gedeckt sind. Aus den erhaltenen Rückmeldungen gelang es uns, einen gemeinsamen Nenner zu identifizieren.

Sie dürfen personenbezogene Daten nicht einfach speichern und verarbeiten – und ja, dazu zählt auch schon eine Excel-Liste –, wenn Sie nicht vorher die Zustimmung der betreffenden Person erhalten haben. Auch das Argument „berechtigtes Interesse“ zieht in dieser Form nicht. Denn wie in Erwägungsgrund 47 „Überwiegend berechtigte Interessen“ der DSGVO beschrieben steht, überwiegen in fast allen Fällen die Grundrechte der betroffenen Person (also Ihres Leads) Ihre unternehmerischen Ziele. Auch die unter Erwägungsgrund 47 Abschnitt 7 definierten Inhalte, die eine Verarbeitung personenbezogener Daten zum Zwecke der Direktwerbung erlauben, beziehen sich auf Direktmarketingunternehmen und sind daher nicht allgemein für B2B-Unternehmen anzuwenden. Berechtigtes Interesse deckt also nach gängiger Rechtsauffassung nicht die Speicherung und Verarbeitung von personenbezogenen Daten ohne deren vorherige explizite Zustimmung. Lediglich bei Bestandskunden, Mitarbeitern oder im Zuge einer Projektdurchführung reicht in den meisten Fällen eine implizite Zustimmung aus.

Im Vergleich hierzu bietet die Generierung von Leads über Inbound-Methoden einige Vorteile, und zwar nicht nur die direkte Kommunikation mit potenziell interessierten Personen und deren Begleitung durch den Entscheidungsprozess, sondern auch eine deutliche Rechtssicherheit gegenüber klassischen Vertriebsmethoden. Denn die Personen, die Sie durch Conversion-Elemente als Leads generieren, geben im Zuge des Downloads auch ihre Zustimmung zur elektronischen Speicherung sowie Verarbeitung ihrer Daten und idealerweise auch zur Kontaktaufnahme.

Literatur und Quellen

Martin Dall – Sicher präsentieren – wirksamer vortragen (2014), Redline

Markus Hengstschläger – Die Lösungsbegabung (2020), Ecowin

Emil Hierhold – Verkaufspräsentationen – Selling to Groups (2002), Ueberreuter; nur im Antiquariat erhältlich

Bernd Hufnagel – Besser Fix als Fertig (2017), Molden Verlag

Karl Pinczolits – Schlagzahlenmanagement (2007), facultas

Nassim Nicholas Taleb – Der Schwarze Schwan: Die Macht höchst unwahrscheinlicher Ereignisse (2008), Pantheon

Niklas Tripolt – Die glorreichen 7 Abschlusstechniken (3. Auflage 2021), Manz

Niklas Tripolt – 8 Stufen zum Verkaufserfolg (6. Auflage 2018), Manz

Niklas Tripolt – Luxusgüter professionell verkaufen (2008), Signum Verlag

Taleb Spitznagel – Die Corona-Pandemie ist kein schwarzer Schwan, Neue Zürcher Zeitung, 1.4.2020

Danke

An dieser Stelle möchte ich all jenen Menschen Danke sagen, die mich auch bei diesem, meinem 6. Buch maßgeblich unterstützt haben.

Ohne deren Unterstützung wäre dieses Buch nie zustande gekommen:

Meine Kolleg:innen aus der VBC-Systemzentrale, die mir bei solchen Projekten perfekt den Rücken frei halten:

Karin Dietmüller, Lisa Englisch, Isabelle Gläser, Adam Jurák, Ines Kalmar, Katharina Schrattenbacher, Denise Schelm, Verena Weber, Melanie Wallisch, Bernie Wieser.

Unseren genialen VBC Partner:innen, die Jahr für Jahr durch exzellente Beratungsleistung in Österreich, Deutschland und der Schweiz VBC zu der Organisation gemacht haben, die sie heute ist: Die Nummer 1 im nachhaltig wirksamen Verkaufstraining in Europa:

Martin Ehrlich, Ralf Springer, Kerstin Wagner-Stiegelmayr, Marcus Wecht, Alois Widena, Ernst Zirngast, Achim Büchler, Bernd Erhardt, Bettina Fries, Siegfried Landskrone, Thomas Laux, Hans Jürgen Löwl, Stefan Schöttler, Andre Tavernier, Jörg Wessel, Sigrid Winter.

Unsere unglaublichen Trainer:innen, die mit Kompetenz und Leidenschaft täglich unsere Teilnehmer:innen begeistern und zu Höchstleistungen im Verkauf führen:

Michael Beriault, Gilles Brenner, Ines De Vera, Fabrice Gatti, Silke Goos, Rudolf Hausegger, Katrin Kirchmayr, Harald Lex-Huszar, Karsten Mevißen, Klaus Rafenstein, Michaela Simlinger, Birgit Stumpp, Rainer Vanicek, Bernadette Winkler-Röll, Sabine Zhang

Unsere Assistenztrainer:innen, die unsere Teilnehmer:innen nicht nur fachlich unterstützen, sondern auch immer die besten Gastgeber sind:

Monika Almer, Lisa Antoni, Sebastian Arnoldi, Werber Bader, Sarah Bounouira, Angelo Brancaccio Kaba, Harald Brändle, Gerlinde Büchler, Franziska Dumont, Gabriela Ehrlich, Isabella Gröstlinger, Daniela Haag, Daniela Heller, Lisa Hofstättner, Gerhard Hörtlackner, Claudia Killermann, Christopher Kornherr, Birgit Lorenz, Alexander Maier,

Danke

Margit Meier, Elisabeth Meyer, Andreas Neubauer, Manfred Obernberger, Gerhard Österreicher, Astrid Pirklbauer, Julian Sauer, Hedi Schmitt, Ariane Siegel, Florian Simon, Tina Stark, Leon Taubitz, Sophie-Marlen Vanicek, Irene Wacek, Anita Widena, Meike Wierny, Marina Wolf-Ribic

Unsere Tutoren, die in den Transferphasen unsere Teilnehmer:innen unterstützen und coachen, sodass die Erfolgsfaktoren aus den Trainings in messbare Verkaufserfolge münden:

Patrick Borra`s, Urs Bürki, Wieland Curdt, Helen Einramhof-Florian, Katja Elsing, Marc Gandon, Dagmar Grafender, Martina Kliem, Charlotta Kölblinger, Margit Kowatsch, Monika Pinzker, Elke Smolak-Koch, Verena Springer, Tina Maria Stark

Und natürlich meiner Familie, meiner Mama, die immer wieder sehr stolz ist, wenn ich ihr ein neues Buch von mir in die Hand drücke, Sonja Graff, meine Schwiegermutter, und Günther Graff, mein Schwiegerpapa, Evi Krall, die wunderbare 3. Oma für unsere Kinder, meine liebe Frau Alexandra und meine großartigen Kinder Julia, Matteo und Valentina.

Danke, Danke, Danke!